Bilgen Özcan

Yenilenebilir Enerjide Mevzuat Sorunlarına Yönelik Araştırma

Bilgen Özcan

Yenilenebilir Enerjide Mevzuat Sorunlarına Yönelik Araştırma

Türkiye Alim Kitapları

Impressum / Künye
Bibliografische Information der Deutschen Nationalbibliothek: Die Deutsche Nationalbibliothek verzeichnet diese Publikation in der Deutschen Nationalbibliografie; detaillierte bibliografische Daten sind im Internet über http://dnb.d-nb.de abrufbar.

Deutsche Nationalbibliothek tarafından yayınlanan bibliyografik bilgiler: Deutsche Nationalbibliothek, bu yayını Deutsche Nationalbibliografie'de listeler; detaylı bibliyografik bilgi İnternet'te http://dnb.d-nb.de sitesinde mevcuttur.

Coverbild / Kitap kapağı resmi: www.ingimage.com

Verlag / Yayıncı:
Türkiye Alim Kitapları
ist ein Imprint der / yayınevinin bir ticari markasıdır
OmniScriptum GmbH & Co. KG
Bahnhofstraße 28, 66111 Saarbrücken, Deutschland / Almanya
Email / E-posta: info@turkiye-alim-kitaplary.com

Herstellung: siehe letzte Seite /
Basım yeri: son sayfaya bakın
ISBN: 978-3-639-81215-2

ÖNSÖZ

Enerji piyasasında, teknolojinin ilerlemesine bağlı olarak enerji ihtiyacının çok yönlü artması, değişen üretim ve tüketim değerleri, iklim değişikliği kaygısı, ülkeler arası ekonomik çıkarlar ve ulusal güvenlik doğrultusunda fosil kaynaklar karşısında tek alternatif yenilenebilir enerji kaynaklarıdır. Enerji ithalatı bağımlılığı nedeniyle, küresel piyasalardaki gelişmelerin yaratacağı riskleri önlemenin yolu, yenilenebilir enerji yatırımlarının ekonomiye kazandırılmasıdır.

Bu çalışmanın, Türkiye özelinde mevzuat ve teşvik uygulamalarının yenilenebilir enerji yatırımlarına etkisi değerlendirilerek, sorunların dile getirilmesi bağlamında yatırımlara katkı sağlayacağı beklenmektedir.

Çalışmanın tamamlanma sürecinde gösterdikleri anlayış ve destek için kardeşlerim Gülhanım ÖZCAN'a, Bülent ÖZCAN'a, bilgi aktarımı ve önerileri için Sevim ÖZCAN'a, tüm aşamalarda paylaştığı bilgilerle emeğini esirgemeyen Yrd. Doç. Dr. Kürşad DERİNKUYU' ya, özverisi ile yanımda olan Yurdagül KOÇAK'a ve zorlandığım her an bana güç veren Anneme ve Babama sonsuz teşekkürlerimi sunarım.

Ocak/2015 Bilgen ÖZCAN

İÇİNDEKİLER

TABLO LİSTESİ

ŞEKİL LİSTESİ

KISALTMALAR

AGİ	: Asgari Geçim İndirimi
AR – GE	: Araştırma Geliştirme
BEPA	: Biyokütle Enerjisi Potansiyel Atlası
BKK	: Bakanlar Kurulu Kararı
BMİDÇS	: Birleşmiş Milletler İklim Değişikliği Çerçeve Sözleşmesi
ÇED	: Çevresel Etki Değerlendirmesi
ÇVÖA	: Çifte Vergilendirmenin Önlenmesi Anlaşması
DİİB	: Dahilde işleme izin belgesi
DPT	: Devlet Planlama Teşkilatı
DSİ	: Devlet Su İşleri Genel Müdürlüğü
DSİ	: Devlet Su İşleri Genel Müdürlüğünü,
DVK	: Damga Vergisi Kanunu
EİEİ	: Elektrik İşleri Etüt İdaresi
ENAR	: Enerji Sektörü Araştırma Geliştirme Projeleri Destekleme Programına
EPDK	: Enerji Piyasası Düzenleme Kurulu
EPK	: Elektrik Piyasası Kanunu
ETKB	: Enerji ve Tabii Kaynaklar Bakanlığını
GEF	: Küresel Çevre Fonu'na (Global Environment Facility)
GEPA	: Türkiye Güneş Enerjisi Potansiyeli Atlası
GES	: Güneş Enerjisine Dayalı Elektrik Üretim Tesisi
GİB	: Gelir İdaresi Başkanlığı
GTİP	: Gümrük Tarife İstatistik Pozisyonu
GVK	: Gelir Vergisi Kanunu
GWh	: Gigawatt - saat
HM	: Hazine Müsteşarlığı
İAB	: İstanbul Altın Borsası
İMKB	: İstanbul Menkul Kıymetler Borsasını
JES	: Jeotermal Enerji Santrali
KB	: Kalkınma Bakanlığı
KDV	: Katma Değer Vergisi

KHK : Kanun Hükmünde Kararname
KHK : Kanun Hükmünde Kararname
KKDF : Kaynak Kullanımı Destekleme Fonu
KVK : Kurumlar Vergisi Kanunu
KWh : kilowatt-saat
LNG : Sıvılaştırılmış Doğal Gaz
LÜY : Elektrik Piyasasında Lisanssız Elektrik Üretimine İlişkin Yönetmeliği
MB : Maliye Bakanlığı
MGM : Meteoroloji Genel Müdürlüğü
MİGEM : Maden işleri Genel Müdürlüğü
MW : Megawatt
MWh : Megawatt-saat
OECD : Ekonomik İşbirliği ve Kalkınma Örgütü
OSB : Organize Sanayi Bölgesi
PMUM : Piyasa Mali Uzlaştırma Merkezini,
RES : Rüzgâr Enerjisi Santrali
RG : Resmi Gazete
RİTM : Rüzgâr Gücü İzleme ve Tahmin Merkezi
SGK : Sosyal Güvenlik Kurumu
SPK : Sermaye Piyasası Kurumu
TCMB : Türkiye Cumhuriyeti Merkez Bankası
TEİAŞ : Türkiye Elektrik İletim Anonim Şirketi
TGT : Temiz Gelişim Tekniği
TMK : Türk Medeni Kanunu
TWh : Terawatt saat
VOB : Vadeli İşlem ve Opsiyon Borsasını
VUK : Vergi Usul Kanunu
YEGM : Yenilenebilir Enerji Genel Müdürlüğünü,
YEK : Yenilenebilir Enerji Kaynakları
YEKDEM: Yenilenebilir Enerji Kaynakları Destekleme Mekanizması
YTB : Yatırım Teşvik Belgesi

GİRİŞ

Enerji, canlı varlıklar ile üretime esas makine ve cihazların iş görebilme direncidir. Enerji olmadan hareket kabiliyeti sağlanamaz. Yaşamın sürekliliği ile enerji konusu birlikte düşünüldüğünde, ihtiyaçların sonsuz ve sınırsız olmasının enerji kaynaklarının tükenmesi tehdidine yol açması kaçınılmaz görülmektedir. Bu nedenle, dünyada teknolojinin gelişmesi ile beraber yeni enerji kaynakları arayışları hızlanmış ve yenilenebilir enerji kaynaklarına yönelme başlamıştır.

Türkiye'de enerji ihtiyacının büyük bir kısmı ithalat yoluyla giderilmektedir. İthal yolla enerji temininin ise dışa bağımlılık ve maliyetin yüksek olması gibi birtakım sakıncaları vardır. Bu nedenle, dışa bağımlılığı azaltmak ve yenilenebilir enerji kaynaklarından faydalanarak maliyeti düşük ve sürekli enerji üretmek için çalışmalar sürdürülmektedir.

Yeryüzünde kullanıldıkça tükenen ve kendiliğinden yenilenen doğal kaynaklardan faydalanılarak enerjinin etkin kılınabilmesi mümkündür. Petrol, kömür, doğal gaz gibi fosil kaynakların zamanla tükenme riski bulunduğundan, güneş, rüzgâr, biyokütle, jeotermal ve hidrolik enerji gibi yenilenebilir enerji kaynaklarının kullanılmaya başlanması gelecek için kaçınılmazdır. Yenilenebilir enerji potansiyelinin kullanılması genel olarak bu riskleri ortadan kaldırır. Yenilenebilir enerji, bağımsız üretilmesi nedeniyle de güvenilir kaynaktır. Ayrıca üretilen enerjinin miktarı, kalitesi, kullanım alanları ve bilinçli tüketimi devletler için ekonomik seviyenin, refah düzeyinin ve gelişmişliğinin belirlenmesinde en büyük referans değerdir.

Yenilenebilir enerji üretiminde verimli alan tespiti, çevre faktörlerinin olumsuz etkilenmemesi, yasal prosedürler, vergi, ekonomik malzeme ve gereçler, iş gücü gibi benzer yükümlülüklerin çok yüksek yatırımlar gerektirmesi, kamu idaresi teşvik ve destek mekanizmalarının enerji sektörüne uygulanmasını zorunlu hale getirmiştir.

Bu çalışmada; yenilenebilir enerji üretimi yatırımlarının, işletmeye başlama sürecine kadar olan aşamalarda, yasal yükümlülüklere ilişkin olarak ayrıntıların değerlendirilmesi, sürecin vergi mevzuatı açısından incelenmesi, sektörün niteliği ve işlemleri nedeniyle bağlı oldukları bakanlıklar, kamu kurum ve kuruluşlarına karşı yükümlülüklerine ilişkin olarak uygulamadan kaynaklanan sorunların giderilmesine yönelik tespitlerde bulunmak hedeflenmektedir.

BİRİNCİ BÖLÜM

YENİLENEBİLİR ENERJİ KAYNAKLARI VE ENERJİ SEKTÖRÜ

1.1 Yenilenebilir Enerji Kaynakları

Enerji, nüfus atışına paralel oluşan gereksinimlerin karşılanması, ekonomik ve teknolojik gelişmeler, piyasa unsurlarının üretimi için sürekli ihtiyaç duyulan bir kaynaktır. Geçmişten bugüne yapılan çalışmalar ihtiyaçların, mevcut unsurlar değiştirilerek veya geliştirilerek, yeni kaynaklar üretilerek karşılandığını göstermektedir. Günümüzde enerji ihtiyacı hızla artmakta, ülkeler arasında fosil kaynakların paylaşımı konusunda sorunlar yaşanmaktadır. Enerji kaynaklarına sahip olma çabası nedeniyle 1990'lı yıllarda yaşanan Körfez Krizi ve 2010 yılından itibaren devam etmekte olan Orta Doğu Arap Baharı hareketi bu durumun analizi için en iyi göstergelerdir. Bu nedenle ülkeler fosil kaynakların temini, tükenme riskleri ve kullanımları sonucunda salınan zararlı gazlarının yol açtığı sorunları gidermek amacıyla alternatif kaynaklara yönelmişlerdir.

Yenilenebilir enerji kaynakları tükenen fosil kaynakların yerini alabilecek en iyi alternatif olarak görünmektedir. Kullanıma hazır olarak doğada var olan sürekli yenilenen yerli, bağımsız, güvenli ve doğa dostu kaynaklar olmaları nedeniyle ülkelere ekonomik ve politik alanda katacağı değer ile birlikte, sürdürülebilir gelecek için her geçen gün önemi artmaktadır. Türkiye de dünyadaki enerji politikalarının dışında kalmayarak, yenilenebilir enerji kaynaklarının değerlendirilmesi amacıyla enerji politikalarını geliştirici yasal düzenlemelere gitmiştir. 10/05/2005 tarihinde yürürlüğe giren 5346 sayılı Yenilenebilir Enerji Kaynaklarının Elektrik Enerjisi Üretimi Amaçlı Kullanımına İlişkin Kanunda yenilenebilir enerji kaynakları belirtilmiş, ancak 29/12/2010 tarihinde yürürlüğe giren 6094 sayılı Yenilenebilir Enerji

Kaynaklarının Elektrik Enerjisi Üretimi Amaçlı Kullanımına İlişkin Kanunda Değişiklik Yapılmasına Dair Kanun ile yenilenebilir enerji kaynakları: "Rüzgâr, güneş, jeotermal, biyokütle, biyokütleden elde edilen gaz (çöp gazı dâhil), dalga, akıntı enerjisi ve gel-git ile kanal veya nehir tipi veya rezervuar alanı on beş kilometrekarenin altında olan hidroelektrik üretim tesisi kurulmasına uygun elektrik enerjisi üretim kaynakları" olarak değiştirilmiştir.

Türkiye yenilenebilir enerji potansiyeli yüksek ülkeler arasındadır. Ancak yenilenebilir enerji üretimine ilişkin yatırımlara bakıldığında, enerji sektöründeki payının hâlâ çok düşük olduğu görülmektedir. Bu nedenle, yatırımları hızlandırmak ve özel sektör yatırımcılarının sektördeki paylarını arttırmak amacıyla çalışmaların sürdürüldüğü, uygulamalardan kaynaklanan olumsuzlukların yasal düzenlemelerle giderilerek enerji üretimi sürecine etkin verimli işlerlik kazandırılmaya çalışıldığı izlenmektedir.

Enerji ve Tabii Kaynaklar Bakanlığı'nın 19/06/2014 tarihinde yayımlanan 2013 yılı faaliyet raporunda "Hidrolik, rüzgâr, güneş ve jeotermal enerji potansiyellerinin enerji üretiminde kullanılması için gerekli yasal altyapı oluşturulmuş ve bürokratik engeller azaltılmıştır. Bu sayede son yıllarda yenilenebilir enerji alanında yapılan yatırımlar ivme kazanmıştır. 2013 yılı sonu itibarıyla Türkiye de kurulu gücün %40'nı, 25.596 MW ile yenilenebilir enerji kaynakları oluşturmaktadır. Enerji ve Tabii Kaynaklar Bakanlığı tarafından hazırlanan ve 2009 yılında kabul edilen Elektrik Enerjisi Piyasası ve Arz Güvenliği Strateji Belgesi çerçevesinde, 2023 yılına kadar rüzgâr enerjisi kurulu gücünün 20.000 MW seviyesine ulaştırılması ve güneş enerjisi potansiyelinin elektrik üretimi amaçlı azami ölçüde değerlendirilmesi hedeflenmiştir. Bu hedef ile Bakanlığın, 2010-2014 Stratejik Planında yer alan 2014 yılı sonuna kadar 10.000 MW kurulu güce ulaşma hedefi doğrultusunda, 2013 yılı sonu itibarıyla rüzgâr enerjisi santrali için 9.939 MW kurulu gücünde lisans verilmiştir. 2013 yılı sonu itibarıyla işletme halinde bulunan rüzgâr santrali toplam kurulu gücü 2.760 MW'tır. Söz konusu strateji belgesi kapsamında en büyük yenilenebilir enerji kaynağı olan hidrolik enerjiden azami ölçüde faydalanmak için çalışmalar sürdürülmektedir. Bu çalışmalar kapsamında 2013 yılı sonu itibarı ile hidrolik enerji kurulu gücü 22.300 MW'a yaklaşmıştır. Gerekli mevzuat ve bürokratik düzenlemelerin bir sonucu olarak rüzgâr enerjisi kurulu gücünde de ciddi bir artış sağlanmıştır. Güneş enerjisi yatırımları için de yasal altyapı oluşturulmuş olup 10-14/06/2013 tarihleri arasında alınan 496 adet Güneş Enerjisi Santrali (GES), lisans başvurusunun incelenmesi çalışmaları yürütülmüştür. Başvurusu yapılan santrallerin toplam kurulu gücünün 8.900 MW'tır olması, yenilenebilir enerji üretimine verilen önemi vurgulamaktadır (www.enerji.gov.tr/File/?path=ROOT%2f1%2fDocuments%2fFaaliyet+Raporu %2f2013 _faaliyet_raporu.pdf E.T. 18/01/2015).

1.1.1 Rüzgâr Enerjisi

Rüzgâr enerjisi, ısıları farklı olan hava kütlelerinin yer değiştirmesiyle oluşur. Güneşten yeryüzüne ulaşan enerjinin %1-2'si rüzgâr enerjisine dönüşmektedir. Rüzgâr türbinleri, yenilenebilir nitelikte olan hava akımını elektrik enerjisine dönüştürmektedir. Rüzgâr türbinlerinin çalışması çevreye zararlı gaz emisyonuna neden olmadığından enerji geleceğimizde ve iklim değişikliğini önlemede büyük bir role sahiptir. Geleneksel güç santrallerinin aksine, enerji güvenliği açısından yakıt maliyetlerini ve uzun dönemli yakıt fiyatı risklerini eleyen ve ekonomik, politik ve tedarik riskleri açısından diğer ülkelere bağımlılığı azaltan yerli ve her zaman kullanılabilir bir kaynaktır (www.eie.gov.tr/yenilenebilir/ruzgar-ruzgar_enerjisi.aspx E.T. 20/11/2014).

Şekil 1.1: REPA Türkiye RES haritası (www.eie.gov.tr/images/res_haritasi.png (E.T.07/01/2015).

1.1.2 Güneş Enerjisi

Güneş enerjisi, güneşin çekirdeğinde yer alan füzyon süreci ile (hidrojen gazının helyuma dönüşmesi) açığa çıkan ışıma enerjisidir. Dünya atmosferinin dışında güneş enerjisinin şiddeti, yaklaşık olarak 1370 W/m^2 değerindedir, ancak yeryüzüne ulaşan miktarı atmosferden dolayı 0-1100 W/m^2 değerleri arasında değişim gösterir. Bu enerjinin dünyaya gelen küçük bir bölümü dahi, insanlığın mevcut enerji tüketiminden kat kat fazladır. Güneş enerjisinden yararlanma konusundaki çalışmalar; özellikle 1970'lerden sonra hız kazanmış, güneş enerjisi sistemleri teknolojik olarak ilerleme ve maliyet bakımından düşme göstermiş ve çevresel olarak temiz bir enerji kaynağı olarak kendini kabul ettirmiştir (www.eie.gov.tr/yenilenebilir/g_enj_tekno.aspx (E.T. 20/11/2014).

Şekil 1.2: GEPA il bazlı güneş enerjisi potansiyeli atlası (www.eie.gov.tr/MyCalculator/Default.aspx (E.T. 07/01/2015)

1.1.3 Jeotermal Enerji

Jeotermal enerji yerin derinliklerindeki kayaçlar içinde birikmiş olan ısının akışkanlarca taşınarak rezervuarlarda depolanması ile oluşmuş sıcak su, buhar ve kuru buhar ile kızgın kuru kayalardan yapay yollarla elde edilen ısı enerjisidir. Jeotermal kaynaklar, yoğun olarak aktif kırık sistemleri ile volkanik ve magmatik birimlerin etrafında oluşmaktadır.

Jeotermal enerjiye dayalı modern jeotermal elektrik santrallerinde, CO_2, NO_x, SO_x gazlarının salınımı çok düşük olduğundan temiz bir enerji kaynağı olarak değerlendirilmektedir.

Şekil 1.3: Türkiyede jeotermal enerji atlası (www.eie.gov.tr/yenilenebilir/turkiyede_jeo.aspx E.T. 07/01/2015).

1.1.4 Biyokütle Enerjisi

Bitkilerin ve canlı organizmaların kökeni olarak ortaya çıkan biyokütle, genelde güneş enerjisinin fotosentez yardımıyla depolayan bitkisel organizmalar olarak adlandırılır. Biyokütle, bir türe veya çeşitli türlerden oluşan bir topluma ait yaşayan organizmaların belirli bir zamanda sahip olduğu toplam kütle olarak da tanımlanabilir. Biyokütle için mısır, buğday gibi özel olarak yetiştirilen bitkiler, otlar, yosunlar, denizdeki algler, hayvan dışkıları, gübre ve sanayi atıkları, evlerden atılan tüm organik çöpler (meyve ve sebze artıkları) kaynak oluşturmaktadır. Petrol, kömür, doğal gaz gibi tükenmekte olan enerji kaynaklarının kısıtlı olması, ayrıca bunların çevre kirliliği oluşturması nedeni ile biyokütle kullanımı enerji sorununu çözmek için giderek önem kazanmaktadır. Biyokütle enerjisi tükenmez bir kaynak olması, her yerde elde edilebilmesi, özellikle kırsal alanlar için sosyoekonomik gelişmelere yardımcı olması nedeniyle uygun ve önemli bir enerji kaynağı olarak görülmektedir (www.eie.gov.tr/yenilenebilir/biyokutle_enerjisi.aspx E.T: 20/11/ 2014).

1.1.5 Hidroelektrik Enerjisi

Hidroelektrik santrallar (HES) akan suyun gücünü elektriğe dönüştürürler. Akan su içindeki enerji miktarını suyun akış veya düşüş hızı tayin eder. Büyük bir nehirde akan su büyük miktarda enerji taşımaktadır. Ya da su çok yüksek bir noktadan düşürüldüğünde de yine yüksek miktarda enerji elde edilir. Her iki yolla da kanal yada borular içine alınan su, türbinlere doğru akar, elektrik üretimi için pervane gibi kolları olan türbinlerin dönmesini sağlar. Türbinler jeneratörlere bağlıdır ve mekanik enerjiyi elektrik enerjisine dönüştürürler.

Hidroelektrik santrallar; yenilenebilir kaynak olan sudan enerji elde etmeleri, sera gazı emisyonu yaratmamaları, inşaatın yerli imkânlarla yapılabilmesi, teknik ömrünün uzun olması ve yakıt giderlerinin olmaması, işletme bakım giderlerinin düşük olması, istihdam imkânı yaratmaları, kırsal kesimlerde ekonomik ve sosyal yapıyı canlandırmaları yönünden en önemli yenilenebilir enerji kaynağıdır
(www.eie.gov.tr/yenilenebilir/h_hidrolik_nedir.aspx (E.T. 23/11/2014).

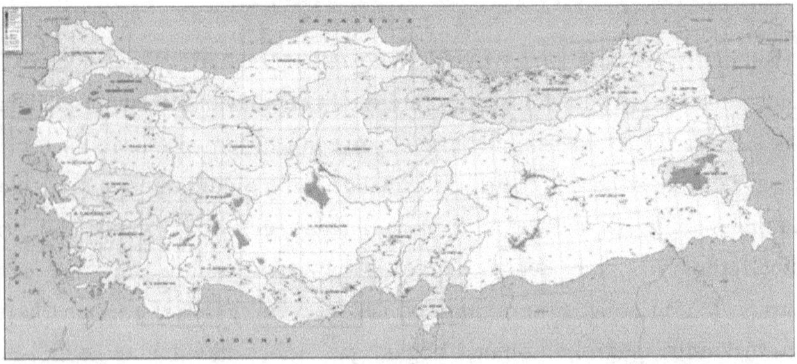

Şekil 1.4: (HEPA) Hidroelektrik enerjisi potansiyel atlası (www.eie.gov.tr/HES/index.aspx E.T.07/01/2015)

1.1.6 Hidrojen Enerjisi

Evrenin en basit ve en çok bulunan elementi olup, renksiz, kokusuz, havadan 14,4 kez daha hafif ve tamamen zehirsiz bir gazdır. Güneş ve diğer yıldızların termonükleer tepkimeye vermiş olduğu ısının yakıtı hidrojen olup, evrenin temel enerji kaynağıdır. Hidrojen bilinen tüm yakıtlar içerisinde birim kütle başına en yüksek enerji içeriğine sahiptir. Hidrojen doğada serbest hâlde bulunmaz, bileşikler halinde bulunur. En çok bilinen bileşiği ise sudur. Isı ve patlama enerjisi gerektiren her alanda kullanımı temiz ve kolay olan hidrojenin yakıt olarak kullanıldığı enerji sistemlerinde, atmosfere atılan ürün sadece su ve/veya su buharı olmaktadır. Hidrojen petrol yakıtlarına göre ortalama 1,33 kat daha verimli bir yakıttır. Hidrojenden enerji elde edilmesi esnasında su buharı dışında çevreyi kirletici ve sera etkisini artırıcı hiçbir gaz ve zararlı kimyasal madde üretimi söz konusu değildir. Hidrojen gazı farklı yöntemlerle elde edildiği gibi su, güneş enerjisi veya onun türevleri olarak kabul edilen rüzgâr, dalga ve biyokütle ile de üretilebilmektedir (www.eie.gov.tr/teknoloji/h_enerjisi.aspx E.T. 25/11/2014).

1.2 Enerji Sektörü

1.2.1 Enerji Sektörü

Sosyal hayatın sürekliliğini sağlayan gücün ve ekonomik faaliyetlerin en önemli üretim girdisi, enerji sektörü aracılığıyla temin edilir. Bu nedenle enerji, piyasalarda faaliyet gösteren diğer sektörlerin en önemli üretim kaynağıdır. Enerji olmadan üretim sağlanamaz. Üretimin gerçekleşmediği, ihtiyaçların karşılanamadığı ekonomiler, dışa bağımlılığa mahkûmdurlar ve ithalat yoluyla gereksinimlerini karşılamaya çalışırlar. Bu durum, ülkelerin ekonomik sosyal ve politik alanlarda sürekli risk altında bulunmasına neden olur. Oysa arz güvenliğinin yasal güvence altına alındığı, sahip olunan enerji kaynaklarından etkin bir şekilde istifade edildiği, yenilenebilir enerji kaynakları potansiyelinin değerlendirildiği ülkelerde tehditlerin olmadığı bir ortam söz konusudur. Yaşam standartları, refah düzeyi, kalkınma ve istihdam; enerji sektörünün gelişmişliği ile doğrudan bağlantılı konulardır. Bu nedenle enerji sektörü ülkelerin geleceklerinin ve dünya ekonomisinde edinecekleri yerin belirlenmesinde en önemli unsurdur.

Dünyada fosil kaynakların kullanımı devam ederken son yıllarda alternatif enerji kaynakları arayışlarına yönelme başlamıştır. Fosil kaynakların tükenme riski taşıması ile birlikte kullanımından doğan sera gazının iklim değişikliğine neden olması ve doğaya verdiği zararın telafi edilemeyecek duruma gelmesi, temiz kaynak olarak bilinen yenilenebilir enerji kaynaklarının kullanımını zorunlu hale getirmiştir. Bu nedenle dünyada yenilenebilir enerji kullanımının yaygınlaştırılması için AR-GE ve üretime esas teknoloji geliştirme çalışmalarına hız verilmiştir.

1.2.2 Dünya'da Yenilenebilir Enerji Sektörü

Dünyada, sanayileşme ve üretim ekonomik gücün en önemli göstergesidir. Ancak güçlü bir ekonominin sürdürülebilmesi enerji kaynakları temininin güvenirliliğine, kalitesi ve etkin kullanılmasına bağlıdır. Dünya enerji ihtiyacının hâlâ önemli bir kısmının fosil kaynaklardan karşılanması bu kaynakların tükenir olması ve kullanımının doğal çevrede neden olduğu tahribatların önlenmesi, alternatif enerji kaynakları arayışlarını gerektirmiştir. Dünyada enerji kaynaklarının dağılımına rezervler ve tüketim miktarları açısından bakıldığında, bölgesel olarak dünya enerji tüketiminin %26'sını ABD'nin gerçekleştirdiğini görüyoruz. Avrupa, dünya tüketiminin %21'ini, Rusya ve Birleşik Devletler Topluluğu ülkeleri %10,4'ünü, Asya Pasifik ülkeleri %27'sini, Orta Doğu ülkeleri %4,5'ini, Afrika ülkeleri ise %3'ünü gerçekleştirmektedir (Pamir, 2003: 5). Dünya Bankası'nın ve British Petrol'ün 2011 yılı verilerine göre, dünyada en fazla enerji tüketimi gerçekleştiren ülkeler sırasıyla Çin, ABD, Rusya, Hindistan ve Japonya olmuştur (akt: Koç ve Şenel, 2013: 41). Fosil kaynakların tükenecek olması kullanım miktarları dağılımının ülkelerin gelişmişlik düzeyleriyle orantılı olması Avrupa ülkeleri ve ABD için öncelikli tehdit unsuru olmaktadır.

Dünyada hızla artan nüfus, teknolojik gelişmeler ve küresel enerji politikaları izlendiğinde, enerjinin ülkeler için hayati önem taşıdığı anlaşılmaktadır. Fosil kaynakların tükenir olması, enerji temini ve güvenliği, çevreye verdiği zararlar ülkelerin sorunu olmaktan öteye dünya sorunu hâline gelmiştir. Bu nedenle 1990 yıllardan itibaren yeni enerji politikaları geliştirmek ve yenilenebilir enerji kullanımının yaygınlaştırılması için çalışmalar yapılmaya başlanmıştır.

Fosil kaynak kullanımının yol açtığı sera gazının küresel ısınma ve iklim değişikliğine neden olması ülkelerin birlikte çözüm üretebilmeleri için Birleşmiş Milletler öncülüğünde Hükümetler arası düzeyde Birleşmiş Milletler İklim Değişikliği Çerçeve Sözleşmesi (Kyoto Protokolü) imzalanmıştır. 1997'de imzalanan protokol, yürürlüğe girebilmiştir. Türkiye bu sözleşmeye, 2009 yılının Ağustos ayında taraf olmuştur.

Yenilenebilir enerji kullanımının ve teknolojilerinin gelişmesini sağlayacak küresel piyasa ortamının fırsat eşitliği ilkelerine uygunluğunu ve uygulamada birliği sağlamak için Avrupa Komisyonu, 2009/72/EC sayılı Elektrik İç Piyasası Direktifi ve 2001/77/EC sayılı Yenilenebilir Enerji Kaynaklarından Elektrik Üretimi Direktifi ile elektrik piyasasının düzenlenmesi hakkındaki hükümleri belirlemiştir. Direktifler ülkelerarası ortak bir piyasa oluşturulması ve enerji verimliliği ile ilgili hükümler içermektedir.

Alternatif enerji kaynakları ve yerli enerji üretimi konusunda atılan adımlarla yenilenebilir enerji kullanımının yaygınlaştırılması sürdürülebilir gelecek için kaçınılmazdır. Günümüzde dünyada, YEK'in toplam enerji talebinin %2,5'ni karşıladığı ve 2015 yılında dünyada, toplam enerji talebinin %3,3'ünü karşılayacağının öngörülüyor olması (Dünya Enerji Konseyi Türk Milli Komitesi 2010 Enerji Raporu), yenilenebilir enerji kaynakları potansiyelinin kullanımına verilen destek ve teşviklerin arttırılması gerekliliğini ön plana çıkarmaktadır.

Enerji üretimin ana kaynağıdır. Enerjinin kullanımı, temini, çeşitliliği ve güvenirliliği ülkelerin ekonomik güçleriyle orantılıdır. Yerli enerji üretimi yüksek sermaye gerektiren yatırımlar olsa da uzun vadede sağlıklı işleyen bir piyasa için güvencedir. Üretimin sürekliliği ekonomik kalkınmayı sağlarken piyasada rekabet gücünü arttırır. Gelişmiş sanayiye sahip ülkeler dünya ekonomisinde edinmiş oldukları yerin kalıcılığını ve küresel piyasadaki rekabet niteliklerini kaybetmemek için enerji üretimi ve teminini güvence altına almayı hedeflemektedirler. Fosil enerji kaynaklarının tükenme riskine karşılık gelecek yıllarda yaşanabilecek enerji krizlerini önlemek amacıyla yerli ve yenilenebilir enerji kaynakları kullanımının yaygınlaştırılmasıyla sorunun kontrol altına alınması için çözümler aranmaktadır. Bu nedenle yerli enerji üretimi yatırımlarını arttıran, yenilenebilir enerji potansiyelini kullanmak üzere AR-GE ve teknolojik altyapı çalışmalarına hız veren ve yaygınlaşmasını sağlayan politikalar uygulanmaktadır.

1.2.2.1 Ülkelerin elektrik üretiminin kaynaklara göre dağılımı

Dünyada elektrik üretiminde kullanılan kaynakların dağılımları incelendiğinde elektrik üretimi için en yaygın olarak kullanılan kaynağın kömür olduğu görülmektedir. Kömürden sonra en fazla kullanılan kaynak ise doğal gazdır.

ABD, Çin, Hindistan ve Almanya'da kömür, Rusya'da doğal gaz, Fransa'da nükleer enerji ve Kanada'da yenilenebilir enerji, elektrik enerjisi üretiminde en fazla paya sahip olan kaynaklardır. Fransa, Almanya, ABD, Kanada ve Rusya elektrik üretiminde nükleer enerjiyi önemli oranda kullanan ülkelerdir.

Fransa'da nükleer enerji elektrik üretiminde %75 gibi yüksek bir oranla kullanılmaktadır. Hidrolik, güneş, rüzgâr ve jeotermal gibi yenilenebilir enerji kaynakları ise %16'lık bir oranla ikinci sırada gelmektedir. Almanya'da elektrik üretimi için kullanılan en önemli kaynak kömür olup, elektrik üretiminin yaklaşık %46'sı kömürden, %16'sı nükleerden ve %25'i yenilenebilir enerjiden sağlanmaktadır.

ABD'de, başta kömür olmak üzere (%38), doğal gaz (%29) ve nükleer enerji (%19) elektrik üretiminde kullanılan ana kaynaklardır. ABD'de bunların yanı sıra, yenilenebilir enerji kaynakları da elektrik üretiminde %13'lük bir oranla kullanılmaktadır. Kanada'da; yenilenebilir enerji, elektrik üretiminde %63 oranı ile önemli bir paya sahip olup elektrik enerjisinin elde edilmesinde %15 nükleer enerji, %10 kömür ve %11 doğal gaz kullanılmaktadır.

Çin ve Hindistan, sırasıyla %76 ve %71 olmak üzere yüksek oranlarda kömürden elektrik enerjisi üreten iki ülkedir. Yine her iki ülkede elektrik üretiminde yenilenebilir enerjinin kullanımı %20 ve %16'lık oranlar ile ikinci sırada yer almaktadır. Hindistan'da doğal gazın payı %8 iken Çin'de doğal gaz ile elektrik üretimi %2 gibi düşük bir orana sahiptir.

Rusya'nın elektrik üretiminde en fazla kullandığı kaynak, %49 oranı ile doğal gaz olup diğer kaynaklar; nükleer enerji, yenilenebilir enerji ve kömürdür. (www.enerji.gov.tr/File/?path=ROOT%2f1%2fDocuments%2fB%C3%BCt%C3%A7e+Konu%C5%9Fmas%C4%B1%2f2015+Y%C4%B1l%C4%B1+Plan+B%C3%BCt%C3%A7e+Komisyonu+Konu%C5%9Fmas%C4%B1.pdf E.T 02/01/2015).

1.2.2.2 Dünya'da enerji üretimi

Tablo 1.1: Dünya'da enerji üretimi, ilk on ülke ve Türkiye (www.enerji.gov.tr/Resources/Sites/1/Pages/ Sayi_06/Sayi_06.html#p=15 E.T.15/01/2015).

Ülke	Miktar(TWh)	Dünya Toplamındaki Payı %	Dünya Sıralaması
Çin	5.361,6	%23,2	1
ABD	4.260,4	%18,4	2
Hindistan	1.102,9	%4,8	3
Japonya	1.088,1	%4,7	4
Rusya	1.060,7	%4,6	5
Almanya	633,6	%2,7	6
Kanada	626,8	%2,7	7
Fransa	568,3	%2,5	8
Brezilya	557,4	%2,4	9
Güney Kore	534,7	%2,3	10
Türkiye	240,1	%1,0	20

1.2.2.3 Dünya'da enerji tüketimi

Tablo 1.2: Dünya'da enerji tüketimi, ilk on ülke ve Türkiye (www.enerji.gov.tr/Resources/Sites/1/Pages/ Sayi_06/Sayi_06.html#p=15(E.T.15/01/2015).

Ülke	(2012) Miktar(TWh)	Dünya Toplamındaki Payı %	Dünya Sıralaması
Çin	2.735,2	%21,9	1
ABD	2.208,8	%17,7	2
Rusya	694,2	%5,6	3
Hindistan	563,5	%4,5	4
Japonya	478,2	%3,8	5
Kanada	328,8	%2,6	6
Almanya	311,7	%2,5	7
Brezilya	274,7	%2,2	8
Güney Kore	271,1	%2,2	9
Fransa	245,4	%2,0	10
Türkiye	120,1	%1,0	21

Tablo 1.3: Yenilenebilir enerji çeşitlerinde en fazla gelişme gösteren ilk beş ülke 2011 (REN21, 2011: 15 Akt: Özdemir, 2012: 68).

	1	2	3	4	5
Yeni Kapasite Yatırımı	Çin	Almanya	ABD	İtalya	Brezilya
Rüzgâr Enerjisi	Çin	ABD	Hindistan	İspanya	Almanya
Güneş Enerjisi	Almanya	İtalya	Çek Cum.	Japonya	ABD
Güneş Enerjisi Su Isıtma	Çin	Almanya	Türkiye	Hindistan	Avustralya
Biyodizel Üretimi	Almanya	Brezilya	Arjantin	Fransa	ABD

AB enerji politikalarının; topluluğun rekabet edebilirliğine katkı sağlamak, enerji arz güvenliğini temin etmek ve sürdürülebilir kalkınma temelinde çevrenin korunmasına katkıda bulunmak gibi üç temel amacı vardır.

Avrupa Birliği, 2020 yılına kadar sera gazı emisyonlarını %20 oranında azaltarak, enerji tüketiminde yenilenebilir enerjinin payını %20 oranında artırarak ve enerji verimliliğini %20 oranında geliştirerek sürdürülebilirlik, rekabet edebilirlik ve arz güvenliği temel enerji hedeflerine ulaşmaya yönelik bir politika benimsemektedir. ABD Hükümeti'nin de kurumların elektrik tüketimi için belirlenen hedefleri aşamalı olarak hayata geçirmeleri 2015'e kadar enerji tüketimlerini en az %10 yenilenebilir kaynaklardan karşılayacakları 2016 ve 2017 yıllarında bu oranın %15, 2018 ve 2019 yılında %17,5 ve 2020 yılına kadar %20 olması gibi hedefleri bulunmaktadır.

1.2.3 Türkiye'de Yenilenebilir Enerji Sektörü

Ekonomik kalkınmanın ve rekabet gücünün sürdürülebilmesi, dünyada uygulanan enerji politikalarının dışında kalmamakla gerçekleşmektedir. Türkiye, dünyada enerji sektöründeki değişim ve gelişimin gerisinde kalmamak ve enerji talebini karşılamak için güvenli yerli yenilenebilir enerji kaynaklarının kullanımına yönelik yatırımları arttırmaktadır. Yenilenebilir enerji kaynakları potansiyelinin değerlendirilmesi konusunda kanunlar düzenlenmiş ve özel sektör yatırımlarını destekleyen mekanizmalar ile yerli enerji üretimini arttırmak amaçlanmıştır.

Yenilenebilir enerji üretim ve dağıtım faaliyetlerine ilişkin yatırımların yaygınlaştırılması ve özel sektör tarafından yapılması için çalışmalar hızlandırılmıştır. Yatırımların büyük sermaye gerektirmesi nedeniyle; güven duyulabilecek, şeffaf, iyi işleyen, tam rekabetçi bir pazar ortamı hazırlanması ve yatırımların teşviki için yasal düzenlemeler oluşturulmakta, gelişmeler göz önünde bulundurularak ihtiyaçların giderilmeye çalışıldığı yayımlanan kanunlardan anlaşılmaktadır.

1.2.3.1 Yenilenebilir enerji kaynaklarının önemi

Türkiye, gelişen ekonomisine paralel olarak en fazla enerjiye ihtiyaç duyan ülkeler arasındadır. Sanayinin gelişmesi, hızlı nüfus artışı, teknolojinin gelişmesi, dünyadaki enerji sektöründeki gelişmeler ve bu gelişmelerin beraberinde getirdiği ihtiyaçlarının karşılanması, enerji tüketimini arttırmıştır. Bu durum ekonomik kalkınmanın göstergesi olsa da günümüzde enerji ihtiyacının büyük bir kısmı ithalat yoluyla ve fosil kaynaklardan giderilmektedir. Dışa bağımlı enerji maliyetlerinin yüksek olmasının yanında enerji temini konusunda da birçok sakıncası vardır. Bu nedenle gelişmekte olan sanayi ve hızla artan nüfusun enerji ihtiyaçlarının karşılanması ve güvenliğinin sağlanması önem arz etmektedir (Yapraklı, 2013:112).

Enerji güvenliği ve yerli yenilenebilir enerji kaynaklarının kullanılması dünya gündeminin üzerinde durduğu en önemli konudur. Türkiye dünya enerji sektöründeki gelişmelerin içinde yer alarak yenilenebilir enerji kaynaklarının kullanılmasına ve yeni kaynak (Dalga enerjisi, Kaya gazı gibi) arayışlarına yönelik çalışmalar yapmayı sürdürmektedir.

Yenilenebilir enerji potansiyeli bakımından verimli alanlara sahip olunması, enerji güvenliği ve ulusal güvenliktir. Yerli enerji üretimi kamu refahının temel öğesi olmakla birlikte toprak sınırları dâhilinde hak mülkiyetidir. Enerji ihtiyacının yerli kaynaklardan karşılanması kendi kendine yeterlilik bağlamında çok önemli katkılar sağlayabilir (Scoot, 2014:246).

Uluslararası Enerji Ajansı'nın verilerine göre Türkiye, güneş enerjisi potansiyeli bakımından dünyada dördüncü, Avrupa'da birinci, jeotermal enerji açısından dünyada beşinci, sahip olduğu 8500 km'lik kıyı şeridi, sürekli ve düzenli rüzgâr alan bölgeleri ile dünyada rüzgâr enerjisi potansiyeli yüksek ülkelerden biridir (akt: Özdemir, 2012: 69). Yenilenebilir enerji kaynakları bakımından verimli alanların enerji sektörüne kazandırılması enerji ithalatının azalmasını ve ihtiyacın yerli enerji ile giderilmesini sağlayacaktır. Enerji ihtiyacının ithal yollarla karşılanması ekonomik faaliyetlerin dışa bağımlı olması demektir. Enerjinin temini konusunda ortaya çıkabilecek en küçük aksaklığın ekonomik faaliyetleri ve üretimi olumsuz etkileyeceği, piyasada neden olacağı fiyat dalgalanmalarının ekonomiye zarar vereceği tartışılmaz bir gerçektir. Yenilenebilir enerji üretimi aynı zamanda, yerli enerji üretimi demektir. Yerli enerji üretimi, riskleri minimize eder ve güvenilir üretim ortamını oluşturur. Bu durum rekabet gücünü arttırarak dünya pazarında yer edinilmesini sağlar.

Uluslararası Enerji Ajansı'nın hesaplamalarına göre; dünyada "net enerji ithalatı" en fazla olan ülke 468 milyon ton petrol karşılığı enerjiyle Çin. Bu ülkeyi, yakın ara Japonya takip etmekte. Daha sonra ise sırasıyla; ABD, Hindistan, Güney Kore, Almanya, İtalya, Fransa, İspanya ve Tayvan gelmekte. Türkiye'nin dünya "net enerji ithalatı" sırası ise 89 milyon ton petrol karşılığı enerjiyle on birinciliktir. (enerjigunlugu.net/turkiye-enerji-ithalatinda-kacinci_10228.html#.VJdAKF4gA E.T 22/12/2014)

1.2.3.2 Türkiye'nin temel enerji politikaları

Türkiye'nin temel enerji politikaları:

1) Maliyet, zaman ve miktar yönünden enerjinin tüketiciler için erişilebilir olması,
2) Serbest piyasa uygulamaları içinde kamu ve özel kesim imkânlarının harekete geçirilmesi,
3) Dışa bağımlılığın azaltılması,
4) Enerji alanında ülkenin bölgesel ve küresel etkinliğinin artırılması,
5) Kaynak, güzergâh ve teknoloji çeşitliliğinin sağlanması,
6) Yenilenebilir kaynakların azami oranda kullanılmasının sağlanması,
7) Enerji verimliliğinin artırılması,
8) Enerji ve tabii kaynakların üretiminde ve kullanımında çevre üzerindeki olumsuz etkilerin en aza indirilmesi şeklinde özetlenebilir.

Türkiye'nin artan enerji talebini sürdürülebilir bir şekilde karşılayabilmek amacıyla uzun vadeli planlama çalışmalarında 2023 yılında;

1) Yerli kömür ve hidrolik kaynak potansiyelini tamamen kullanabilmek,
2) Yenilenebilir kaynaklardan azami ölçüde istifade etme,
3) Nükleer enerjiyi 2020 yılına kadar olan dönemde elektrik üretim kompozisyonuna dâhil etme,
4) Enerji verimliliğinde AB düzeyine gelecek şekilde hızlı ve sürekli gelişme sağlama hedeflerine ulaşmak öngörülmektedir (www.enerji.gov.tr /File/?path=ROOT%2f1%2fDocuments%2fB%C3%BCt%C3%A7e+Konu%C5%9Fmas%C4%B1%2f2015+Y%C4%B1l%C4%B1+Plan+B%C3%BCt%C3%A7e+Komisyonu+Konu%C5%9Fmas%C4%B1.pdf (E. T: 10/01/2015)

Enerji ve Tabii Kaynaklar Bakanlığı 2015-2019 Strateji Belgesinde Yenilenebilir enerji kaynaklarının birincil enerji ve elektrik enerjisi arzı içindeki payının arttırılması yönelik hedefleri:

Tablo 1.4: 2015-2019 Strateji belgesi yenilenebilir enerji hedefleri (A2. HEDEF 3).

YEK'lere Dayalı Planlanan Kurulu Güç Değerleri (MW)		Baz Yıl 2013	2015	2017	2019
A2. PG.3.1	Hidrolik	22.289	25.000	27.700	32.000
A2. PG.3.2	Rüzgâr	2.759	5.600	9.500	10.000
A2. PG.3.3	Jeotermal	311	360	420	700
A2. PG.3.4	Güneş	-	300	1.800	3.000
A2. PG.3.5	Biyokütle	237	380	540	700

Tablo 1.4'de yer alan veriler, Enerji ve Tabii Kaynaklar Bakanlığı 2015-2019 Strateji Belgesi 21.Sayfadan ayrıştırılmıştır (www.enerji.gov.tr/File/?path= ROOT%2f1%2fDocuments%2fStratejik+Plan%2fETKB+20152019+Stratejik+ Plani.pdf E.T.11/01/2015).

1.2.3.3 Türkiye'de enerji kaynaklarına göre kurulu güç

Tablo 1.5: 09/2014 itibariyle Türkiye'de kaynaklara göre kurulu güç (GWh-%) www.enerji.gov.tr/Resources/ Sites/1/Pages/Sayi_06/Sayi_06.html#p=25 E.T.12/01/2015)

Hidrolik	23.445	%34,4
Doğalgaz	21.189	%31,1
Kömür	14.034	%20,6
Rüzgâr	3.484	%5,1
Diğer	5.689	%8,3
Jeotermal	358,4	%0,5
Güneş	20,3	%0.03

1.2.3.4 Türkiye'de elektrik üretiminin birincil kaynaklara göre dağılımı

Tablo 1.6: Türkiye'de elektrik üretiminin birincil kaynaklara göre dağılımı 2014Yılı (GWh-%) www.enerji.gov.tr/Resources/Sites/1/Pages/Sayi_06/Sayi_06.html#p=25 E.T.12/01/2015)

Doğal gaz	90.453	%47,84
Hidrolik	32.581	%17,23
Linyit	27.260	%14.64
Taş kömürü + İthal Kömür	27.698	%14.42
Rüzgâr	5.989	%3,17
Jeotermal	1.575	%0,83
Diğer	2.551	%1,35
Yenilenebilir + Atık	984	%0,52

1.2.3.5 Türkiye elektrik enerjisi görünümü

Tablo 1.7: Türkiye elektrik enerjisi görünümü (GWh) (www.enerji.gov.tr/Resources/Sites/1/ Pages/Sayi_06/Sayi_06.html#p=21(07/01/2015).

Yıl	Üretim	İthalat	İhracat	Tüketim	Üretim Artış Oranı	Tüketim Artış Oranı
2003	140.581	1.158	588	141.151	%8,6	%6,5
2004	150.698	464	1.144	150.018	%7,2	%6,3
2005	161.956	636	1.798	160.794	%7,5	%7,2
2006	176.300	573	2.236	174.637	%8,9	%8,6
2007	191.558	864	2.422	190.000	%8,7	%8,8
2008	198.418	789	1.122	198.085	%3,6	%4,3
2009	194.813	812	1.546	194.079	%-1,8	%-2,0
2010	211.208	1.144	1.918	210.434	%8,4	%8,4
2011	229.395	4.556	3.645	230.306	%8,6	%9,4
2012	239.497	5.826	2.954	242.370	%4,4	%5,2
2013	239.293	7.425	1.235	245.484	%-0,08	%1,2
Eylül 2014	189.091	5.498	1.803	192.786	-	-

2014 Eylül ayı sonu itibarıyla Türkiye'de elektrik üretimi için kullanılan temel kaynaklar; doğal gaz, kömür, petrol ve yenilenebilir enerjidir. Ülkemizde elektrik enerjisinin %47,8'i doğal gazdan, %29'u kömürden (Taş kömürü, İthal Kömür, Linyit) ve %21,8'ü yenilenebilir enerjiden elde edilmektedir. 2014 yılı Eylül ayı sonu itibariyle enerji üretimi, tüketimi, ithalat ve ihracatı verilerinden elektrik üretiminin 189,1 milyar kWh, tüketiminin ise 192,8 milyar kWh olduğu görülmektedir.

1.2.3.6 Ülke bazında doğal gaz ithalatı

İthalatta kaynak ülkelerin çeşitlendirilmesi bakımından 2007 yılından itibaren Azerbaycan'dan doğal gaz ithal edilmeye başlanmış ve risklere hazırlıklı olunması yönünde spot LNG enerji sektörüne dâhil edilmiştir.

Tablo 1.8: Ülke bazında doğal gaz ithalatı milyon m
(www.enerji.gov.tr/Resources/Sites/1/Pages/Sayi_06/ Sayi_06.html#p=53 E.T.12/01/2015).

Yıl	Rusya	İran	Azerbaycan	Cezayir	Nijerya	Spot LNG	Toplam
2003	12,460	3.461	-	3.795	1.107	-	20.823
2004	14.102	3.498	-	3.182	1.016	-	21.798
2005	17.524	4.248	-	3.786	1.013	-	26.571
2006	19.316	5.594	-	4.132	1.100	79	30.221
2007	22.762	6.054	1.258	4.205	1.396	167	35.842
2008	23.159	4.113	4.580	4.148	1.017	333	37.350
2009	19.473	5.252	4.960	4.487	903	781	35.856
2010	17.576	7.765	4.521	3.906	1.189	3.079	38.036
2011	25.406	8.190	3.806	4.156	1.248	1.069	43.874
2012	26.491	8.215	3.354	4.076	1.322	2.464	45.992
2013	26.212	8.730	4.245	3.917	1.274	892	45.270
Eylül 2014	20.489	6.537	4.323	3.064	983	772	36.168

İKİNCİ BÖLÜM

YENİLENEBİLİR ENERJİYE İLİŞKİN YASAL DÜZENLEMELER

2.1 Yenilenebilir Enerji Mevzuatı

Bu bölümde, enerji mevzuatını oluşturan kanun, tebliğ ve yönetmeliklere yer verilerek, yenilenebilir enerji yatırımlarına uygulanan teşvik ve destek düzenlemelerine değinilmiştir.

2.1.1 Uygulamadaki Kanunlar

2.1.1.1 6446 sayılı elektrik piyasası kanunu

30/03/2013 tarih 28603 sayılı Resmi Gazete'de yayımlanarak yürürlüğe giren 6446 sayılı Elektrik Piyasası Kanunun da;

> Elektriğin yeterli, kaliteli, sürekli, düşük maliyetli ve çevreyle uyumlu bir şekilde tüketicilerin kullanımına sunulması için, rekabet ortamında özel hukuk hükümlerine göre faaliyet gösteren, mali açıdan güçlü, istikrarlı ve şeffaf bir elektrik enerjisi piyasasının oluşturulması ve bu piyasada bağımsız bir düzenleme ve denetimin yapılmasının sağlanması" amaçlanmıştır.

Bu kanun; elektrik üretimi, iletimi, dağıtımı, toptan veya perakende satışı, ithalat ve ihracatı, piyasa işletimi ile bu faaliyetlerle ilişkili tüm gerçek ve tüzel kişilerin hak ve yükümlülükleri ile ilgili düzenlemeleri kapsamaktadır.

Üretim faaliyetinin, lisansları kapsamında kamu ve özel sektör üretim şirketleri ile organize sanayi bölgesi tüzel kişiliği tarafından yürütülebileceği kanunun 7'inci maddesinin 1'inci fıkrasında hüküm altına alınmış olup, 4'üncü fıkrasında yenilenebilir enerji kaynaklarına ilişkin olarak Rüzgâr veya güneş enerjisine dayalı elektrik üretim tesisi kurulması için yapılan önlisans başvurularının değerlendirilmesinin esasları düzenlenmiştir. Ayrıca, aynı maddenin 5'inci fıkrasında aşağıdaki düzenleme yer almaktadır;

Herhangi bir gerçek veya özel sektör tüzel kişisinin kontrol ettiği üretim şirketleri aracılığıyla üretebileceği toplam elektrik enerjisi üretim miktarı, bir önceki yıla ait yayımlanmış Türkiye toplam elektrik enerjisi üretim miktarının yüzde yirmisini geçemeyeceği'' ve 6'ncı fıkrasında "Yenilenebilir enerji kaynaklarına dayalı olarak elektrik enerjisi üretimi yapan tüzel kişiler, ürettikleri elektrik enerjisinin kaynağının yenilenebilir kaynak olduğuna dair Bakanlıktan Yenilenebilir Kaynaktan Elektrik Üretim Belgesi alabilir. Söz konusu belgenin verilmesine ilişkin usul ve esasların Bakanlık tarafından çıkarılan yönetmelikle düzenleneceği,

Yenilenebilir enerji kaynaklarını kullanarak, elektrik üretim faaliyetinde bulunmak isteyen tüzel kişiler, üretim tesisi yatırımlarına başlamak için gerekli onay, izin, ruhsat ve benzeri prosedürleri kapsayan yükümlülükleri yerine getirmek için Ön Lisans Belgesi almak zorundadırlar. Ön lisans koşullarını belirlenen süre içerisinde tamamlayan ve kanunun 6. maddesinde sayılı esasları sağlayan tüzel kişilere, bu Kanun hükümleri uyarınca üzerinde kayıtlı piyasa faaliyetlerinin yapılabilmesi için Lisans Belgesi verilmektedir.

Yenilenebilir enerji kaynak kullanımının yaygınlaştırılması ve ekonomiye kazandırılmasının sağlanması amacıyla; Kanunun 14'üncü maddesinde, kurulu gücü azami bir megavatlık yenilenebilir enerji kaynaklarına dayalı üretim tesisini ve ürettiği enerjinin tamamını iletim veya dağıtım sistemine vermeden kullanan, üretimi ve tüketimi aynı ölçüm noktasında olan, yenilenebilir enerji kaynaklarına dayalı üretim tesislerini lisans alma zorunluluğundan muaf tutulacağı düzenlenmiştir. Bu düzenleme ile Lisanslı üretim yapacak yatırımcıların Türk Ticaret Kanunu'na göre elektrik üretimi amacıyla şirket kurulması şartının aranırken gerçek kişi (GV mükellefi) yatırımcının Lisanssız üretim yapabileceği aşağıda belirtilen hükümden faydalanabileceği anlaşılmaktadır. Aynı maddenin 3'üncü fıkrasında aşağıdaki düzenleme yer almaktadır;

Lisans alma yükümlülüğünden muaf olan yenilenebilir enerji kaynaklarından elektrik enerjisi üreten kişilerin ihtiyacının üzerinde ürettiği elektrik enerjisinin sisteme verilmesi hâlinde elektrik enerjisi son kaynak tedarik şirketince, 10/5/2005 tarihli ve 5346 sayılı Yenilenebilir Enerji Kaynaklarının Elektrik Enerjisi Üretimi Amaçlı Kullanımına İlişkin Kanunda kaynak türü bazında belirlenen fiyatlardan alınır.

Yenilenebilir enerji kaynaklarının elverişli olduğu alanların kamulaştırılması ile ilgili düzenleme kanunun 19'uncu maddesinde hüküm altına alınmış olup, önlisans veya lisans sahibi özel hukuk tüzel kişilerinin, faaliyette bulunacağı alanların kişilerin özel mülkiyetinde bulunan veya kamu kurum veya kuruluşlarına ait taşınmaz olması durumunda yapılacak işlemler belirtilmiştir. Piyasada önlisans veya lisans sahibi tüzel kişilerce yürütülen üretim, dağıtım veya iletim faaliyetleri için gerekli olan, taşınmazların kamulaştırılmasına ilişkin düzenlemelere, çalışmanın 3. Bölüm'ünde (3.6. Kamulaştırma Mevzuatı başlığın) ayrıntılı olarak değinilecektir.

Enerji arz güvenliği konusunda kanunun 20'nci maddesinde Enerji bakanlığının sorumlulukları, tedbirleri ve değerlendirmelerinin neler olduğu, bu görevlerin nasıl ve hangi sürelerde yerine getirildiği düzenlenmiş, ayrıca arz güvenliğinin sağlanmasına yönelik 31/12/2015 tarihine kadar ilk defa işletmeye girecek üretim lisansı sahibi tüzel kişilere, hangi teşviklerin verileceği geçici 4'üncü madde de belirtilmiştir.

Vergi ve harçlara ilişkin düzenleme, kanunun 25'inci maddesinde ve geçici madde 3'te yapılmış olup harçlar, damga vergisi, kurumlar vergisi ve katma değer vergisine çalışmanın 3. Bölüm'ünde (3.1 Vergilendirmeye İlişkin Mevzuat başlığında) ayrıntılı olarak değinilecektir.

3096 sayılı Türkiye Elektrik Kurumu Dışındaki Kuruluşların Elektrik Üretimi, İletimi, Dağıtımı ve Ticareti ile Görevlendirilmesi Hakkında Kanunun geçici 4'üncü maddesi kapsamında ilgili şirketlerle imzalanan mülga Elektrik Enerjisi Fon Anlaşmaları gereğince, taahhüt edilen yükümlülükleri karşılamak üzere; Enerji ve Tabiî Kaynaklar Bakanlığı Merkez Saymanlığı hesabına yatırılan gelirlerin,

31/12/2001 tarihinden önce yürürlüğe giren Fon Anlaşmalarından doğan yükümlülüklerin yerine getirilmesi için üretim şirketlerine kredi verilebileceği, verilen bu kredilerin vadesi, faizi, masrafları, geri ödeme şekli ve diğer şartları Fon Anlaşmaları hükümleri de göz önünde bulundurularak Bakanlık tarafından belirleneceği (www.resmigazete.gov.tr/eskiler/ 2007/09/20070916-3.htm (E.T.12/10/2014)

1/12/2001 Tarihinden Önce Yürürlüğe Giren Elektrik Enerjisi Fonu Antlaşmaları Uyarınca Taahhüt edilen Yükümlülüklerin Yerine Getirilmesine İlişkin Yönetmeliğin 7'nci maddesinde düzenlenmiş olup, Fon tarafından sağlanan ve sağlanacak olan ve şirketlerin satış tarifelerine yansıtılmak suretiyle, şirketlere ilave kaynak sağlanarak, Fona geri ödenmesi öngörülen kredilerin geri ödenmesinde faiz uygulanmayacağı Kanunun geçici 5'inci maddesinde hüküm altına alınmıştır.

Türkiye Elektrik Kurumu dışındaki özel hukuk hükümlerine tabi sermaye şirketleri statüsüne sahip yerli ve yabancı şirketlerin, kamu kurum ve kuruluşlarınca (kamu iktisadi teşebbüsleri dâhil) ifa edilen, ileri teknoloji veya yüksek maddi kaynak gerektiren bazı yatırım ve hizmetlerin, yap-işlet-devret modeli çerçevesinde yaptırılmasına onay verilen şirketlerin ve enerji plan ve politikalarına uygun biçimde elektrik enerjisi üretmek için mülkiyetleri kendilerine ait olmak üzere, termik santral kurma ve işletme izni verilen şirketlerin, elektrik üretimi, iletimi, dağıtımı ve ticareti amacıyla gerçekleştirilen yatırımlara Hazine yatırım garantisi verilmeyeceği geçici 13'üncü maddede düzenlenmiştir.

4628 sayılı EPK'nin yürürlükten kaldırılması ile 6446 sayılı kanun lisans türlerinin yeniden düzenlenmesi, önlisans mekanizmasının getirilmesi ve bazı teşviklerin uzatılması gibi önemli değişiklikler yapmaktadır. Kanunundaki düzenlemeler etkin ve verimli olmayan projelerin piyasada yer almasını önlemek, gerçek yatırımcılara teşvik ve destek sağlayarak arz güvenliğini artırmaya yöneliktir. Bu doğrultuda 6446 sayılı kanun bir yandan önlisans dönemi süresince doğrudan ve dolaylı hisse devirlerini önlemekte, diğer yandan ise gerçek yatırımcılar için kolaylıklar sağlamaktadır.

2.1.1.2 5346 sayılı yenilenebilir enerji kaynaklarının elektrik enerjisi üretimi amaçlı kullanımına ilişkin kanun

18/05/2005 tarih 25819 sayılı Resmi Gazete de yayımlanarak yürürlüğe giren 5346 sayılı Yenilenebilir Enerji Kaynaklarının Elektrik Enerjisi Üretimi Amaçlı Kullanımına İlişkin Kanunun amacı; yenilenebilir enerji kaynaklarının elektrik enerjisi üretimi amaçlı kullanımının yaygınlaştırılması, bu kaynakların güvenilir, ekonomik ve kaliteli biçimde ekonomiye kazandırılması, kaynak çeşitliliğinin artırılması, sera gazı emisyonlarının azaltılması, atıkların değerlendirilmesi, çevrenin korunması ve bu amaçların gerçekleştirilmesinde ihtiyaç duyulan imalat sektörünün geliştirilmesidir. Yenilenebilir enerji kaynak alanlarının korunması, bu kaynaklardan elde edilen elektrik enerjisinin belgelendirilmesi ve bu kaynakların kullanımına ilişkin usul ve esasları kapsar.

Yenilenebilir enerji kaynakları, Kanunun "Tanımlar ve kısaltmalar" başlıklı 3'üncü maddesinin (8) ve (11) numaralı bentlerinde 08/01/2011 tarih 27809 sayılı RG yayımlanan 6094 sayılı kanunla yapılan değişiklikle birlikte, yenilenebilir enerji kaynaklarının: *"rüzgâr, güneş, jeotermal, biyokütle, biyogaz, dalga, akıntı enerjisi ve gel-git ile kanal veya nehir tipi veya rezervuar alanı on beş kilometrekarenin altında olan hidroelektrik üretim tesisi kurulmasına uygun elektrik enerjisi üretim kaynakları"* olduğu belirtilmiştir. Bu madde içeriğinden yola çıkılarak tüm yenilenebilir enerji kaynaklarının Kanun kapsamında olmadığı anlaşılmaktadır.

Kanunun 4'üncü maddesinde kamu veya Hazine arazilerinde yenilenebilir enerji kaynak alanlarının kullanımını ve verimliliğini etkileyici imar planları düzenlenemeyeceği ve 6094 sayılı kanunla yapılan değişiklikle, Elektrik enerjisi üretimine yönelik yenilenebilir kaynak alanlarının ilgili kurum ve kuruluşların görüşü alınarak belirlenmesi, derecelendirilmesi, korunması ve kullanılmasına ilişkin usul ve esasların yönetmelikle düzenleneceği hüküm altına alınmıştır.

YEK Kanunu'nun "YEK Belgesi" başlıklı 5'inci maddesinde, yenilenebilir enerji kaynaklarından elde edilen elektriğin iç ve dış ticari piyasalarda alım satımı sırasında türünün belli olması ve takip edilebilmesi için üretim lisansı sahibine EPDK tarafından, ilgili usul ve esasları yönetmelikler ile düzenlenecek olan "Yenilenebilir Enerji Kaynak Belgesi" verileceği hükme bağlanmıştır.

YEK Kanunu'nun "YEK Destekleme Mekanizması" başlıklı 6'ncı maddesinde elektrik üretim maliyetleri birbirinden farklı olan kaynaklar arasında teşvik fiyatı itibariyle herhangi bir ayrım yapılmamış, alım fiyatının üst limiti olarak 5,5 Avro Cent/kWh karşılığı Türk Lirası olarak belirlenmiştir. 6094 sayılı kanunla yapılan değişiklik neticesinde kaynak bazında teşvik mekanizması getirilerek yenilenebilir enerji kaynaklarına ilişkin yatırımların desteklenmesi güçlendirilmeye çalışılmış, yine aynı kanunla getirilen, 18/5/2005 tarihinden 31/12/2015 tarihine kadar işletmeye girmiş veya girecek hükmü 05/12/2013 tarih ve 28842 sayılı R.G ile yayımlanan BKK ile 01/01/2016 tarihinden 31/12/2020 tarihine kadar işletmeye girecek olan YEK Destekleme Mekanizmasına tabi üretim lisansı sahipleri için, bu Kanuna ekli I sayılı Cetvelde yer alan fiyatlar, on yıl süre ile uygulanacağı şeklinde değiştirilmiştir.

Tablo 2.1: Yenilenebilir enerji kaynaklarına uygulanacak teşvik fiyatları (epdk.gov.tr/index.php/elektrik-piyasasi/mevzuat?id=143 E.T. 22/11/14)

I Sayılı Cetvel (29/12/2010 tarihli ve 6094 sayılı Kanunun hükmüdür.)	
Yenilenebilir Enerji Kaynağına Dayalı Üretim Tesis Tipi	Uygulanacak Fiyatlar (ABD Doları cent/kWh)
a. Hidroelektrik üretim tesisi	7,3
b. Rüzgâr enerjisine dayalı üretim tesisi	7,3
c. Jeotermal enerjisine dayalı üretim tesisi	10,5
d. Biyokütleye dayalı üretim tesisi (çöp gazı dâhil)	13,3
e. Güneş enerjisine dayalı üretim tesisi	13,3

YEK Kanunu'nun 6'ıncı maddesinde düzenlenen Yenilenebilir Enerji Kaynaklarına Uygulanacak Teşvik Fiyatlarından bir sonraki takvim yılında faydalanmak isteyenlerin YEK Belgesi almak ve 31 Ekim tarihine kadar EPDK'ya başvurmak zorunda oldukları hüküm altına alınmıştır.

Yenilenebilir Enerji Kaynaklarına Uygulanacak Teşvik Fiyatlarına ilişkin olarak, PMUM, her fatura dönemi için YEK toplam bedelini ilan eder ve her bir tedarikçinin ödeme yükümlülüğü oranını belirler. Ödeme yükümlülüğü oranının belirlenmesi sırasında, bu Kanun kapsamındaki yenilenebilir enerji kaynaklarından üretilerek YEK Destekleme Mekanizmasına tabi olmaksızın serbest piyasada satışı yapılan elektrik enerjisi miktarı bu Kanun kapsamındaki hesaplamalara dâhil edilmez. Tüketicilere elektrik enerjisi sağlayan her bir tedarikçinin ödemekle yükümlü olduğu tutar belirlenerek ilgili tedarikçiye fatura edilir ve yapılan tahsilat YEK Destekleme Mekanizmasına tabi tüzel kişilere payları oranında ödenir. Bu fıkra kapsamındaki PMUM dâhil uygulamalara ilişkin usul ve esaslar, EPDK tarafından çıkarılacak yönetmelikte düzenlenir.

6094 sayılı kanunla 6'ncı maddeye eklenen Muafiyetli üretim başlıklı 6/A maddesinde aşağıdaki açıklama yer almaktadır;

Yenilenebilir enerji kaynaklarından elektrik enerjisi üreten gerçek ve tüzel kişiler; ihtiyaçlarının üzerinde ürettikleri elektrik enerjisini dağıtım sistemine vermeleri halinde, I sayılı Cetveldeki fiyatlardan on yıl süre ile faydalanabilir. Bu kapsamda dağıtım sistemine verilen elektrik enerjisinin perakende satış lisansını haiz ilgili dağıtım şirketi tarafından satın alınması zorunludur. İlgili şirketlerin bu madde gereğince satın aldıkları elektrik enerjisi, söz konusu dağıtım şirketlerce YEK Destekleme Mekanizması kapsamında üretilmiş ve sisteme verilmiş kabul edilir." Yerli Ürün Kullanımı başlıklı ek 6/B maddesinde "Lisans sahibi tüzel kişilerin bu Kanun kapsamındaki yenilenebilir enerji kaynaklarına dayalı ve 31/12/2015 tarihinden önce işletmeye giren (05/12/2013 tarih ve 28842 sayılı R.G ile yayımlanan BKK ile 01/01/2016 tarihinden 31/12/2020 tarihine kadar işletmeye girecek olan şeklinde değiştirilmiştir) üretim tesislerinde kullanılan mekanik ve/veya elektro-mekanik aksamın yurt içinde imal edilmiş olması halinde; bu tesislerde üretilerek iletim veya dağıtım sistemine verilen elektrik enerjisi için, I sayılı Cetvelde belirtilen fiyatlara, üretim tesisinin işletmeye giriş tarihinden itibaren beş yıl süreyle; bu Kanuna ekli II sayılı Cetvelde belirtilen fiyatlar ilave edilir." Diğer Uygulamalar başlıklı 6/C maddesinde "Bu Kanun kapsamındaki yenilenebilir enerji kaynaklarından elektrik enerjisi üretimi yapmak üzere lisans alan tüzel kişiler, lisanslarında belirlenen sahaların dışına çıkılmaması ve işletme anında sisteme verilen gücün lisanslarında belirtilen kurulu gücü aşmaması kaydıyla ek kapasite kurabilirler." "EPDK tarafından lisans başvuruları değerlendirilirken bağlantı görüşünün oluşturulması aşamasında, bu Kanun kapsamındaki yenilenebilir enerji kaynaklarına dayalı üretim tesislerine öncelik tanınır."

Tablo 2.2: Yenilenebilir enerji kaynaklarına dayalı üretim tesislerinde yerli ürün kullanılması durumunda uygulanacak ilave teşvik fiyatları (epdk.gov.tr/index.php/elektrik-piyasasi/mevzuat?id=143 (E.T. 23/11/14)

II Sayılı Cetvel (29/12/2010 tarihli ve 6094 sayılı Kanunun hükmüdür.)		
Tesis Tipi	Yurt İçinde Gerçekleşen İmalat	Yerli Katkı İlavesi (ABD Doları cent/kWh)
A- Hidroelektrik üretim tesisi	1- Türbin	1,3
	2- Jeneratör ve güç elektroniği	1,0
B- Rüzgâr enerjisine dayalı üretim tesisi	1- Kanat	0,8
	2- Jeneratör ve güç elektroniği	1,0
	3- Türbin kulesi	0,6
	4- Rotor ve nasel gruplarındaki mekanik aksamın tamamı (Kanat grubu ile jeneratör ve güç elektroniği için yapılan ödemeler hariç.)	1,3
C- Fotovoltaik güneş enerjisine dayalı üretim tesisi	1- PV panel entegrasyonu ve güneş yapısal mekaniği imalatı	0,8
	2- PV modülleri	1,3
	3- PV modülünü oluşturan hücreler	3,5
	4- İnvertör	0,6
	5- PV modülü üzerine güneş ışınını odaklayan malzeme	0,5

Tablo 2.2 (Devam): Yenilenebilir enerji kaynaklarına dayalı üretim tesislerinde yerli ürün kullanılması durumunda uygulanacak ilave teşvik fiyatları (epdk.gov.tr/index.php/elektrik-piyasasi/mevzuat?id=143 (E.T. 23/11/14).

II Sayılı Cetvel (29/12/2010 tarihli ve 6094 sayılı Kanunun hükmüdür.)		
Tesis Tipi	Yurt İçinde Gerçekleşen İmalat	Yerli Katkı İlavesi (ABD Doları cent/kWh)
D- Yoğunlaştırılmış güneş enerjisine dayalı üretim tesisi	1- Radyasyon toplama tüpü	2,4
	2- Yansıtıcı yüzey levhası	0,6
	3- Güneş takip sistemi	0,6
	4- Isı enerjisi depolama sisteminin mekanik aksamı	1,3
	5- Kulede güneş ışınını toplayarak buhar üretim sisteminin mekanik aksamı	2,4
	6- Stirling motoru	1,3
	7- Panel entegrasyonu ve güneş paneli yapısal mekaniği	0,6
E- Biyokütle enerjisine dayalı üretim tesisi	1- Akışkan yataklı buhar kazanı	0,8
	2- Sıvı veya gaz yakıtlı buhar kazanı	0,4
	3- Gazlaştırma ve gaz temizleme grubu	0,6
	4- Buhar veya gaz türbini	2,0
	5- İçten yanmalı motor veya stirling motoru	0,9
	6- Jeneratör ve güç elektroniği	0,5
	7- Kojenerasyon sistemi	0,4
F- Jeotermal enerjisine dayalı üretim tesisi	1- Buhar veya gaz türbini	1,3
	2- Jeneratör ve güç elektroniği	0,7
	3- Buhar enjektörü veya vakum kompresörü	0,7

Kanunun 7'nci maddesinde Yatırım dönemi uygulamaları başlığı altında, "Yenilenebilir enerji kaynaklarının kullanımının yaygınlaştırılmasına yönelik sadece kendi ihtiyaçlarını karşılamak amacıyla azami bin kilovatlık kurulu güce sahip izole elektrik üretim tesisi ve şebeke destekli elektrik üretim tesisi kuran gerçek ve tüzel kişilerden kesin projesi, planlaması, master planı, ön incelemesi veya ilk etüdü DSİ veya EİE tarafından hazırlanan projeler için hizmet bedelleri alınmayacağı ve enerji üretim tesis yatırımları, kullanılacak elektro-mekanik sistemlerin yurt içinde imalat olarak temini, güneş pilleri ve odaklayıcılı üniteler kullanan elektrik üretim sistemleri kapsamındaki yapılacak AR-GE ve imalat yatırımları, Biyokütle kaynaklarını kullanarak elektrik enerjisi veya yakıt üretimine yönelik AR-GE tesis yatırımları, Biyokütle kaynaklarını kullanarak elektrik enerjisi veya yakıt üretimine yönelik AR-GE tesis yatırımlarının Bakanlar Kurulu kararı ile teşviklerden yararlandırılabileceği hüküm altına alınarak, yeterli jeotermal kaynakların bulunduğu bölgelerdeki valilik ve belediyelerin sınırları içinde kalan yerleşim birimlerinin ısı enerjisi ihtiyaçlarını öncelikle jeotermal ve güneş termal kaynaklarından karşılamaları esastır, düzenlemeleri yer almaktadır.

Kanunun, Arazi ihtiyacına ilişkin uygulamalar başlıklı 8'inci maddesinde, Orman vasıflı olan veya Hazinenin özel mülkiyetinde ya da Devletin hüküm ve tasarrufu altında bulunan taşınmazların, yenilenebilir enerji kaynaklarının elektrik üretimi için kullanılacak olması durumunda yapılacak işlemlere ilişkin düzenlemeler yer almakla birlikte 6094 sayılı kanunla aşağıdaki fıkralar eklenmiştir.

Bu Kanunun yayımı tarihi itibariyle işletmede olanlar dâhil, 31/12/2015 tarihine kadar işletmeye girecek bu Kanun kapsamındaki yenilenebilir enerji kaynaklarına dayalı üretim tesislerinden, ulaşım yollarından ve lisanslarında belirtilen sisteme bağlantı noktasına kadarki TEİAŞ ve dağıtım şirketlerine devredilecek olanlar da dâhil enerji nakil hatlarından yatırım ve işletme dönemlerinin ilk on yılında izin, kira, irtifak hakkı ve kullanma izni bedellerine yüzde seksen beş indirim uygulanır.

Milli park, tabiat parkı, tabiat anıtı ile tabiatı koruma alanlarında, muhafaza ormanlarında, yaban hayatı geliştirme sahalarında, özel çevre koruma bölgelerinde ilgili Bakanlığın, doğal sit alanlarında ise ilgili koruma bölge kurulunun olumlu görüşü alınmak kaydıyla yenilenebilir enerji kaynaklarına dayalı elektrik üretim tesislerinin kurulmasına izin verilir.

Bu Kanun kapsamındaki yenilenebilir enerji kaynaklarına dayalı elektrik enerjisi üretim tesisleri için 29/6/2001 tarihli ve 4706 sayılı Hazineye Ait Taşınmaz Malların Değerlendirilmesi ve Katma Değer Vergisi Kanununda Değişiklik Yapılması Hakkında Kanunun ek 2'nci maddesi hükümleri uygulanmaz.

18/05/2005 tarih 25819 sayılı RG ile yürürlüğe giren 5346 Sayılı Yenilenebilir Enerji Kaynaklarının Elektrik Enerjisi Üretimi Amaçlı Kullanımına İlişkin Kanun maddelerinde 08/01/2011 tarih 27809 sayılı RG yürürlüğe giren 6094 sayılı Yenilenebilir Enerji Kaynaklarının Elektrik Enerjisi Üretimi Amaçlı Kullanımına İlişkin Kanunda Değişiklik Yapılmasına Dair Kanunla değişiklikler yapılmış ve yeni maddeler eklenmiştir. Yatırımcıların özendirilmesi ve elektrik üretimi maliyetlerinin hafifletilmesi için teşvik mekanizması genişletilmiş ve Lisans sahibi tüzel kişiler ile birlikte yenilenebilir enerji kaynaklarından elektrik enerjisi üreten gerçek ve tüzel kişiler; ihtiyaçlarının üzerinde ürettikleri elektrik enerjisini dağıtım sistemine vermeleri halinde aynı hükümlerden faydalanacakları yönünde düzenlemeler getirilerek; enerji verimliliğinin arttırılması, enerji ihtiyacının doğal ve yerel kaynaklardan sağlanarak dışa bağımlılığın azaltılması, çevre üzerindeki olumsuz etkilerin giderilmesi ve üretim tesislerinde kullanılan mekanik ve/veya elektro-mekanik aksamın yurt içinde imal edilmesinin sağlanması bakımından önemli adımlar atılmıştır.

2.1.1.3 5686 sayılı jeotermal kaynaklar ve doğal mineralli sular kanunu

Bu Kanunun 1'inci maddesinde, jeotermal ve doğal mineralli su kaynaklarının etkin bir şekilde aranması, araştırılması, geliştirilmesi, üretilmesi, korunması, bu kaynaklar üzerinde hak sahibi olunması ve hakların devredilmesi, çevre ile uyumlu olarak ekonomik şekilde değerlendirilmesi ve terk edilmesi ile ilgili usul ve esasları düzenlenmiştir. 5686 sayılı Kanunun 21'inci maddesine, 01/03/2014 tarih 28928 sayılı RG yayımlanan Bazı Kanunlarda Değişiklik Yapılması Hakkındaki kanunla Ek 1'inci madde eklenmiş, maddenin 3'üncü bendinde;

Jeotermal kaynak ve doğal mineralli su arama ve işletme faaliyetleri ile devlet ve il yolları, otoyollar, demir yolları, havaalanı, liman, baraj, enerji tesisleri, maden, petrol, doğal gaz işletmeleri, su isale hatları gibi kamu yararı niteliği taşıyan yatırımların birbirlerini engellemesi, faaliyetin yapılamaz hâle gelmesi durumunda jeotermal kaynak ve doğal mineralli su arama ve işletme faaliyetleri ve yatırımla ilgili karar, Kurul tarafından verilir.''
5'inci bendinde ise Turizm Merkezi veya Kültür ve Turizm Koruma ve Gelişim Bölgesi

dâhilinde kalan yerlerde Kurul tarafından alınacak olan kamu yararı kararı gereği enerji üretimine öncelik tanınması hâlinde, ilgili Turizm Merkezi veya Kültür ve Turizm Koruma ve Gelişim Bölgesi veya bu alanlar için hazırlanmış onaylı imar planları yeniden düzenleneceği,

hüküm altına alınmıştır. 5346 Sayılı Yenilenebilir Enerji Kaynaklarının Elektrik Enerjisi Üretimi Amaçlı Kullanımına İlişkin Kanunun 4'üncü maddesinde kamu veya Hazine arazilerinde yenilenebilir enerji kaynak alanlarının kullanımını ve verimliliğini etkileyici imar planları düzenlenemeyeceği hükmüne paralel olarak elektrik enerjisi üretimine uygun jeotermal kaynak alanlarının değerlendirilmesini güçlendiren hükümlere yer verilmiştir.

2.1.1.4 5627 sayılı enerji verimliliği kanunu

5627 Sayılı Enerji Verimliliği Kanunu'nun 1'inci maddesinde;

Enerjinin etkin kullanılması, israfının önlenmesi, enerji maliyetlerinin ekonomi üzerindeki yükünün hafifletilmesi ve çevrenin korunması için enerji kaynaklarının ve enerjinin kullanımında verimliliğin artırılmasının" amaçlandığı hüküm altına alınmış olup, "enerjinin üretim, iletim, dağıtım ve tüketim aşamalarında, endüstriyel işletmelerde, binalarda, elektrik enerjisi üretim tesislerinde, iletim ve dağıtım şebekeleri ile ulaşımda enerji verimliliğinin artırılmasına ve desteklenmesine, toplum genelinde enerji bilincinin geliştirilmesine, yenilenebilir enerji kaynaklarından yararlanılmasına yönelik uygulanacak usûl ve esasları kapsadığı 2'nci maddesinde belirtilmiştir.

25/02/2012 tarih 28215 sayılı RG yayımlanan Enerji Verimliliği Strateji Belgesinde; Enerji verimliliğinin, enerjide arz güvenliğinin sağlanması, dışa bağımlılıktan kaynaklanan risklerin azaltılması, enerji maliyetlerinin sürdürülebilir kılınması, iklim değişikliği ile mücadelenin etkinliğinin artırılması ve çevrenin korunması gibi ulusal stratejik hedefleri tamamlayan ve bunları yatay kesen bir kavram olduğu, sürdürülebilir kalkınmanın öneminin gittikçe daha çok anlaşıldığı günümüzde, enerji verimliliğine yönelik çabaların değeri de aynı oranda arttığı, bu çerçevede; enerji üretimi ve iletiminden nihai tüketime kadarki bütün aşamalarda enerji verimliliğinin geliştirilmesi, bilinçsiz kullanımın ve israfın önlenmesi, enerji yoğunluğunun gerek sektörler bazında gerekse makro düzeyde azaltılması ulusal enerji politikamızın öncelikli ve önemli bileşenlerinden olduğu belirtilmiştir. Bu belge ile 2023 yılında Türkiye'nin GSYİH başına tüketilen enerji miktarının (enerji yoğunluğunun) 2011 yılı değerine göre en az %20 azaltılması hedeflenmektedir.

Türkiye'de yıllardır gözlemlenen kalkınma ve nüfus artışına paralel olarak enerji ihtiyacının karşılanması için yenilenebilir enerji kaynaklarının kullanılması yönünde girişimler ve çalışmalar devam etmektedir. Son yıllarda doğalgaza dayalı tesislerin toplam kapasitelerinin Türkiye'nin toplam kurulu güç kapasitesi içerisindeki payı hızla artarken, hidroliğin de içinde yer aldığı yenilenebilir enerji kaynaklarının ülkemiz toplam kurulu gücü içindeki payının düşmekte olduğu görülmektedir. Yeni yenilenebilirler olarak bilinen jeotermal, rüzgâr ve biyokütle santrallerinin sayısının ülkemizde son yıllarda hızla artmasına rağmen, bunların Türkiye'nin toplam kurulu gücü içindeki payları hâlâ çok sınırlı kalmaktadır.

Türkiye'de kalkınma ve nüfus artışına paralel olarak artan enerji talebinin karşılanmasında, yenilenebilir enerji kaynaklarının payının çok düşük olması stratejik belgede de ele alınmış, AR- GE, kullanılacak teknoloji, destek mekanizması ve vergi indirimi düzenlemelerine yer verilmiştir.

Yenilenebilir enerji kaynaklarının enerji talebini kullanımına yönelik olarak gıda sektörünü olumsuz etkilemeyecek şekilde, yerli tarım ürünlerinden üretilen biyoyakıt veya sentetik yakıtların harmanlama oranlarına bağlı olarak ÖTV indirimi sağlanması, enerji verimliliği ve yenilenebilir enerji kaynakları alanlarında; Türkiye'deki gelişimin önceki yıllar ve diğer ülkeler ile kıyaslanabileceği performans göstergeleri ile birlikte gelecek öngörülerinin üretilmesine ve entegre kaynak planlamalarının yapılmasına imkân sağlayacak kapasitenin oluşturulması, enerji verimliliği ve yenilenebilir enerji kaynakları alanlarında; teknoloji master planının hazırlanması, destekleyici kuruluşlar arasında eşgüdüm sağlanması, yatırımcıların yararlanabileceği ulusal teknoloji envanteri oluşturulması, enerji verimliliği ve yenilenebilir enerji kaynakları alanlarında; öncelikli teknolojilerde kamu-özel işbirlikleri ile kurulacak mükemmeliyet merkezlerinin ve AR-GE sonuçlarının uygulamasının özendirilmesi için mevzuat düzenlenmesi yönünde çalışmalarının yapılması gerekliliği üzerinde yoğunlaşılmıştır.

2.1.1.5 3096 sayılı Türkiye elektrik kurumu dışındaki kuruluşların elektrik üretimi, iletimi, dağıtımı ve ticareti ile görevlendirilmesi hakkında kanun

Bu Kanunun amacı, Türkiye Elektrik Kurumu dışındaki özel hukuk hükümlerine tabi sermaye şirketleri statüsüne sahip yerli ve yabancı şirketlerin elektrik üretimi, iletimi, dağıtımı ve ticareti ile görevlendirilmesini düzenlemektir. Türkiye Elektrik Kurumu dışında elektrik üretimi, iletimi, dağıtımı ve ticareti görevinin verilmesi ile sözleşme, süre, tarife ve görevin sona ermesi şekil ve esaslarını kapsamaktadır.

Kanunun, 5346 Sayılı Yenilenebilir Enerji Kaynaklarının Elektrik Enerjisi Üretimi Amaçlı Kullanımına İlişkin Kanundan önce yürürlükte olması sebebiyle kamulaştırmaya ilişkin 11'inci maddesi, 5346 sayılı kanunun 13 maddesinde yenilenebilir enerji yatırımlarına ilişkin kamulaştırma işlemleri hususunda getirilen düzenleme ile aşağıdaki şekilde hüküm altına alınmıştır:

> Görevli şirketlerin yapacağı üretim, iletim ve dağıtım tesislerinin onaylanmış tatbikat projelerine göre, kamulaştırma ihtiyacı ortaya çıktığında; rezervuarlı tesisler hariç kamulaştırma bedeli görevli şirket tarafından ödenmek kaydıyla Enerji ve Tabiî Kaynaklar Bakanlığınca 4650 sayılı Kanun hükümlerine göre yapılır. Rezervuarlı tesislerin kamulaştırma bedelleri ilgili Bakanlığın bütçesine konulacak ödenek marifetiyle Hazine tarafından ödeneceği.

3096 sayılı kanunun Görev Verilmesi başlıklı 3'üncü maddesinde Elektrikle ilgili hizmet vermek üzere kurulmuş olan sermaye şirketlerine; Devlet Planlama Teşkilatının görüşünü havi Enerji ve Tabii Kaynaklar Bakanlığının teklifi üzerine, Bakanlar Kurulu, önceden yönetmelikle belli edilmiş görev bölgelerinde, elektrik üretim, iletim ve dağıtım tesisleri kurulması ve işletilmesi ile ticaretinin, yaptırılmasına karar verilebileceği ve Enerji ve Tabii Kaynaklar Bakanlığı, Bakanlar Kurulu Kararı ile belirlenen çerçeve içerisinde ilgili görevli şirketle sözleşme akdedeceği, Elektrik üretimi müsaadesi verilmesi başlıklı 4'üncü maddesinde, Enerji ve Tabii Kaynaklar Bakanlığı, Devlet Planlama Teşkilatının, olumlu görüşünü almak suretiyle sadece elektrik üretmek amacı ile kurulacak sermaye şirketlerine, elektrik üretimi yapacak tesisi kurma ve tesisi işletme müsaadesi verilebileceği düzenlenmiş ve 7'nci maddesinde bu maddelere uygun aktedilecek sözleşmelerin 99 yıla kadar süreli olarak düzenlenebileceği en az görevlendirme süresinin, mevcut ve yeniden kurulacak üretim, iletim ve dağıtım tesislerinin amortisman süreleri dikkate alınarak tespit edileceği, Bu sözleşmelerle gerektiğinde teknik amortismandan ayrı olarak, tesislerin tüm bedeli üzerinden sermaye amortismanı ayrılması esasının getirilmesi de mümkün olacağı hüküm altına alınmıştır.

2.1.2 Uygulamadaki Tebliğler

2.1.2.1 Elektrik piyasasında lisanssız elektrik üretimine ilişkin yönetmeliğin uygulanmasına dair tebliğ

Bu tebliğ, Elektrik Piyasasında Lisanssız Elektrik Üretimine İlişkin Yönetmelik kapsamındaki düzenlemelerin açıklanması ve uygulanmasının sağlanmasına yönelik hükümleri içermektedir. 02/10/2013 tarih 28783 sayılı resmi gazete ile yürürlüğe girmesiyle 10/3/2012 tarihli ve 28229 sayılı Resmî Gazete'de yayımlanan Elektrik Piyasasında Lisanssız Elektrik Üretimine İlişkin Yönetmeliğin Uygulanmasına Dair Tebliğ yürürlükten kaldırılmıştır.

Yenilenebilir enerji kaynaklarından lisanssız elektrik üretimi yatırımlarına ilişkin uygulamalara 2. Bölüm'ün, 2.1.3.7 başlığında değinilecektir.

2.1.2.2 Rüzgâr ve güneş enerjisine dayalı ön lisans başvuruları için yapılacak rüzgâr ve güneş ölçümleri uygulamalarına dair tebliği

Bu Tebliğ, Elektrik Piyasası Lisans Yönetmeliği kapsamında yapılacak rüzgâr ve güneş ölçümlerinin yapılmasına ve değerlendirilmesine ilişkin usul ve esasları belirlemeye yönelik düzenlemeleri kapsamaktadır. 17/06/2014 tarih 29033 sayılı RG yayımlanarak yürürlüğe girmesi ile 10/07/2012 tarihli ve 28349 sayılı Resmî Gazete'de yayımlanan "Rüzgâr ve Güneş Enerjisine Dayalı Lisans Başvuruları İçin Yapılacak Rüzgâr ve Güneş Ölçümleri Uygulamalarına Dair Tebliğ" yürürlükten kaldırılmıştır.

2.1.3 Uygulamadaki Yönetmelikler

2.1.3.1 Elektrik piyasası lisans yönetmeliği

Bu yönetmeliğin, 2 Kasım 2013 tarihli ve 28809 sayılı Resmi Gazete'de yayımlanarak yürürlüğe girmesi ile birlikte 4 Ağustos 2002 tarihli ve 24836 sayılı Resmi Gazete'de yayımlanan "Elektrik Piyasası Lisans Yönetmeliği" yürürlükten kaldırılmıştır. 30/03/2013 tarih 28603 sayılı Resmi Gazete de yayımlanarak yürürlüğe giren 6446 sayılı Elektrik Piyasası Kanunun uygulanmasına dair hükümleri içermektedir.

Toplam altmış üç madde ve on sekiz adet geçici maddeden oluşan yönetmelikte, elektrik piyasasında faaliyette bulunulabilmesi için alınması zorunlu olan önlisans ve lisanslar ile bu lisanslara ilişkin temel hükümleri, lisanslandırma işlemlerini, önlisans ile lisans sahibi tüzel kişilerin hak ve yükümlülükleri düzenlenmiştir. Başvuru, inceleme ve değerlendirme, önlisans ve lisans süreçlerinin tamamını içermektedir.

Elektrik piyasasında faaliyet gösterecek lisansa tabi üretim şirketlerinin, lisans öncesi, önlisans uygulamasına tabi olacakları, yönetmeliğin 4'üncü maddesinin (ff) bendinde önlisans uygulamasının *Üretim faaliyetinde bulunmak isteyen tüzel kişilere, üretim tesisi yatırımlarına başlamaları için gerekli onay, izin, ruhsat ve benzerlerinin alınabilmesi için belirli süreli verilen izin,* olduğu belirtilmiştir.

Yönetmeliğin 12'nci maddesinin 3'üncü fıkrasına göre, elektrik piyasasında faaliyet göstermek üzere önlisans başvurusunda bulunacak özel hukuk hükümlerine tabi tüzel kişilerin, 6102 sayılı Türk Ticaret Kanunu hükümleri doğrultusunda anonim şirket ya da limitet şirket olarak kurulmuş olması, anonim şirket olarak kurulmuş olması halinde ise sermaye piyasası mevzuatına göre borsada işlem görenler dışındaki tüzel kişilerin paylarının tamamının nama yazılı olması gerektiği hüküm altına alınmıştır.

Yönetmeliğin 12 maddesinde önlisans ve lisans alımına ilişkin hükümlerde anonim şirket ya da limitet şirket olarak faaliyet gösterme zorunluluğu bulunurken, Muafiyetler başlıklı 7'nci maddesinde "*Kurulu gücü azami bir megavat veya Kanunun 14'üncü maddesi çerçevesinde Bakanlar Kurulu kararı ile belirlenmiş kurulu güç üst sınırına kadar olan yenilenebilir enerji kaynaklarına dayalı üretim tesis*"lerinin önlisans ile lisans alma ve şirket kurma yükümlülüğünden muaf tutulacağı düzenlenmiştir. Bu düzenleme ile gerçek kişi mükelleflerin yenilenebilir enerji kaynaklarına dayalı üretim tesisi yatırımlarına teşvik olarak değerlendirilebilir.

Yönetmeliğin 12'nci maddesinin devam hükümlerinde, üretim faaliyetinde bulunmak isteyen tüzel kişilerin önlisans almak için; "*Ön Lisans Başvuru Dilekçesi*" ile birlikte, sunulması gereken belgeleri ibraz etmek suretiyle Kurum'a başvuracağı düzenlenmekte ve önlisans başvurularında megavat cinsinden her bir kurulu güç başına Kurul kararı ile belirlenen tutarda, banka teminat mektubu sunulması zorunluluğu getirilmektedir. Banka teminat mektubu tutarının üst sınırı, üretim tesisi için Kurum tarafından öngörülen toplam yatırım tutarının yüzde beşini geçmemek üzere, Kurul kararı ile belirleneceği düzenlenmiştir.

Ön lisans başvurusu sırasında, başvuran tüzel kişinin asgari sermayesinin; üretim tesisi için Kurum tarafından öngörülen toplam yatırım tutarının yüzde beşine, nükleer enerjiye dayalı üretim tesisi kurulması için yapılan önlisans başvuruları açısından yüzde birine artırıldığına ilişkin şirket esas sözleşmesinin sunulması zorunluluğu düzenlenmişken, 12'nci maddenin 5'inci fıkrasının c) bendinde yer alan teşvik aşağıdaki gibi açıklanmıştır;

> Yerli doğal kaynaklar ile yenilenebilir enerji kaynaklarına dayalı üretim tesisi kurmak üzere önlisans almak için başvuruda bulunan tüzel kişilerden önlisans alma bedelinin sadece yüzde onu tahsil edilir."

Ön lisans sahibi tüzel kişi, önlisansa konu üretim tesisinin yatırımına başlanabilmesi için önlisans süresi içerisinde saha mülkiyeti yoksa kullanım hakkı edinilmesi, hidroelektrik santrallerde kamulaştırma kararının alınması, nükleer santrallerde tahsis işlemlerinin yapılması, üretim tesislerine ilişkin imar planlarının onaylanması, inşaatına başlanabilmesi için gerekli olan ön proje onayının alınması, Bağlantı ve sistem kullanım anlaşmaları için TEİAŞ veya ilgili dağıtım şirketine başvurunun yapılması, Askeri Yasak Bölgeler ve Güvenlik Bölgeleri Yönetmeliği uyarınca gerekli görüşlerin alınması, Rüzgâr başvurularına ilişkin Teknik Etkileşim İzninin alınması, ÇED Yönetmeliği kapsamında gerekli olan kararın alınması, Üretim tesisine ilişkin yapı ruhsatının alınması veya alınmasına gerek olmadığını gösterir belgenin temin edilmesi, Yerli kömüre dayalı üretim tesisleri ile jeotermal kaynağa dayalı üretim tesisleri için kaynak kullanım, Hidrolik kaynağa dayalı üretim tesisleri için DSİ ile yapılmış Su Kullanım hakkına ilişkin anlaşmanın, Rüzgâr veya güneş enerjisine dayalı üretim tesisleri için TEİAŞ ile imzalanmış RES veya GES Katkı Payı anlaşmasının, yapılmış olması şartları ile birlikte yeni uygulamalardan biri olan önlisans süresi içerisinde tamamlanması gereken iş ve işlemler kapsamında, önlisans alma tarihinden itibaren doksan gün içinde ÇED başvurusunu, yüz seksen gün içinde ise Teknik Etkileşim İzni başvuru işlemlerini istisnalar haricinde yirmi dört ayı geçmeyecek şekilde tamamlamaları gerektiği, bu önlisans sürecinde eksiklerini tamamlayamayan firmaların lisans talebinde bulunamayacağı yönetmeliğin 17'nci maddesinde hüküm altına alınmıştır.

Yönetmeliğin getirdiği önemli yeniliklerden biri olan önlisansa ilişkin dikkat edilmesi gereken bir diğer husus da, önlisans süresince başvuru sahibi tüzel kişilerin hisselerinin devredilemeyeceğine ilişkin düzenlemedir. Yönetmeliğin 28'inci maddesinin 2'nci fıkrasının (b) bendi;

> Ön lisans sahibi, ilgili mevzuatta sayılanların yanı sıra; lisans alıncaya kadar veraset ve iflas nedenleri ile bu Yönetmelikte belirtilen istisnalar dışında ortaklık yapısında doğrudan veya dolaylı olarak herhangi bir değişiklik yapmamak, paylarını devretmemek, payların devredilmesi veya payların devri sonucunu doğuracak iş ve işlemleri yapmamak ile yükümlüdür.

düzenlemesi ile önlisans aşamasında hisse devrinin yapılamayacağı hüküm altına alınmıştır. Önlisans sahibi tüzel kişi tarafından hükümde anılan işlemlerden herhangi birinin gerçekleştirilmesi halinde önlisans iptal edilecektir.

Lisans başvurusunda bulunmak isteyen önlisans sahibi tüzel kişi, yükümlülüklerini kanunun öngördüğü süre içinde tamamladıktan sonra yönetmeliğin 20'nci maddesi kapsamında lisansa tabi faaliyetin türüne göre başvuruda bulunabilecektir. Yine aynı maddenin (6)/e bendinde yerli doğal kaynaklar ile yenilenebilir enerji kaynaklarına dayalı üretim tesisi kurmak üzere lisans almak için başvuruda bulunan tüzel kişilerden lisans alma bedelinin sadece yüzde onu tahsil edileceği düzenlemesi yönetmelikte yer alan yenilenebilir enerji üreticilerine tanınan teşviklerdendir.

Yönetmeliğin 37'inci maddesinden itibaren 42'nci maddede dâhil olmak üzere Rüzgâr ve Güneş Enerjisine Dayalı Önlisans Başvurularına İlişkin Ölçüm Standardına yönelik işlemler düzenlenmiştir.

Mali hükümlerin yer aldığı Lisans Bedelleri başlıklı 43'üncü madde de her yılın Aralık ayının sonuna kadar Kurul tarafından belirlenerek Resmî Gazete'de yayımlanan Önlisans ve lisans alma bedellerinin faaliyet konularına ve/veya faaliyet büyüklüğüne göre maktu olarak, yıllık lisans bedelleri ise faaliyet konularına ve üretimi, iletimi, dağıtımı, toptan veya perakende satışı gerçekleştirilen elektrik enerjisi miktarına göre nispi olarak belirlendiği ve bu Yönetmelik hükümlerine göre ödeneceği belirtilmiş (4) bendinde yerli doğal kaynaklar ile yenilenebilir enerji kaynaklarına dayalı üretim tesisleri için ilgili lisanslara derç edilen tesis tamamlanma tarihini izleyen ilk sekiz yıl süresince yıllık lisans bedeli alınmayacağı hüküm altına alınmıştır.

30/03/2013 tarih 28603 sayılı Resmi Gazete de yayımlanarak yürürlüğe giren 6446 sayılı Elektrik Piyasası Kanunu hükümlerinin uygulanmasına yönelik olarak yayımlanan yönetmelik, lisans başvurusundan önce yatırımcıya bürokratik işlemlerin tamamlanması, yatırıma ilişkin aksaklıkların önlenmesi, etkin bir üretim için öngörü oluşturması bakımından önlisans aşaması uygulamalarına kolaylık ve işlerlik kazandırmaya yönelik düzenlemeleri içermektedir. Yenilenebilir enerji kaynaklarının elektrik üretimi içinde payının arttırılmasına yönelik teşvik ve muafiyetlere yer verilmiş olup elektrik piyasasındaki gelişmeler doğrultusunda düzenlemelerin eş zamanlı olarak yürürlükte olması belirsizlikleri önleyeceğinden yatırımlara ilişkin tanınan ayrıcalıklar yatırımcı tarafından değerlendirilecektir.

Yenilenebilir Enerji Kaynaklarına Dayalı Üretim Tesisleri İçin Lisans Alma Süreci

1- Türk Ticaret Kanunu'na göre elektrik üretimi amacıyla şirket kurulması
2- Şirket tarafından proje geliştirilecek sahada tesis türüne göre rüzgâr veya güneş ölçüm istasyonlarının kurulacağı yer için kullanım hakkının edinilmesi (özel mülkiyeti değilse kamulaştırma)
3- Rüzgâr veya güneş ölçüm istasyonlarının kurulması
4- Kurulan ölçüm istasyonları için hazırlanan "Ölçüm İstasyonu Kurulum Raporu'nun Meteoroloji Genel Müdürlüğü veya Akredite kuruluşlarca onaylanması
5- En az 1 yıl süreli ölçüm verilerinin Meteoroloji Genel Müdürlüğü veya Akredite kuruluşlara gönderilmesi
6- 1 yıl sonunda "Ölçüm Sonuç Raporu'nun Meteoroloji Genel Müdürlüğü veya Akredite kuruluşlarca onaylanması
7- Elektrik Piyasası Lisans Yönetmeliği ve EPDK Kurul Kararlarıyla duyurulan başvuru bilgi ve belgelerin hazırlanması

Önlisans Başvurusunda Sunulması Gereken Bilgi ve Belgeler Listesi

a) Önlisans Başvuru Dilekçesi
b) Tüzel kişiyi temsil ve ilzama yetkili şahıs/şahısların "Yetki Belgeleri"nin aslı veya noter onaylı suretleri veya aslı ile birlikte sunulacak fotokopisi
c) Tüzel kişilik esas sözleşmesinin, tüm tadiller işlenmiş son halinin, Ticaret Sicili Memurluğunca tasdiklenmiş bir nüshası veya tüzel kişilik kaşesi altında, tüzel kişiliği temsile yetkili kişi veya kişilerce imzalanmış bir nüshası

Üretim Tesisine İlişkin:

a) Bilgi Formu
b) Üretim Tesisinin Yerini Gösteren 1/25.000 Ölçekli Harita
c) Üretim Tesisinin Yerleşim Yeri Projesi (imar durumu ve arazinin mülkiyet dağılımına ilişkin bilgiler de yer alır.)
d) Tek Hat Şeması (Bağlantı)
e) Çevre ve Şehircilik Bakanlığı, ÇED Yönetmeliğinde belirtilen duyarlı yöreler kapsamında olup olmadığına ilişkin beyan

f) Çevre ve Şehircilik Bakanlığından alınmış olan ve yerleşim yerinin mevcut imar durumunu gösteren belge ile imar tadilatının gerekmesi halinde tadilatın yapılmasının önünde herhangi bir mevzuat engeli olup olmadığı hakkında şirket beyanı

Proje geliştirilen arazinin, proje santral sahasının;

a) Mutlak tarım arazilerini,
b) Özel ürün arazilerini,
c) Dikili tarım arazilerini,
d) Sulu tarım arazilerini,
e) Çevre arazilerde tarımsal kullanım bütünlüğünü bozan alanları, kapsamadığına ilişkin Gıda, Tarım ve Hayvancılık Bakanlığı veya söz konusu Bakanlığın İl/İlçe Müdürlüklerinden alınacak belgenin aslı veya noter onaylı sureti veya söz konusu belgenin aslı ile birlikte sunulacak fotokopisi.

Üretim tesisinde yerli doğal kaynak kullanılması halinde (kaynağın türüne göre);

a) Devlet Su İşleri (DSİ) ile yapılmış Su Kullanım Hakkı Anlaşması'nın veya Su Kullanım Hakkı Anlaşması imzalayabilmeye hak kazanıldığına ilişkin belgenin aslı veya anlaşma ya da belgenin DSİ tarafından aslına uygunluğu tasdiklenmiş bir örneği veya Anlaşma ya da belgenin aslı ile birlikte sunulacak fotokopisi,
b) Yurt içinde çıkan linyit, taş kömürü, asfaltit, bitümlü şist gibi yerli kömür ile jeotermal kaynakların kullanım haklarına ilişkin olarak; enerji kaynağının kullanım hakkı ya da diğer ayni haklarının tesis edilmiş olduğunun veya bu hakların tesis edileceğinin yetkili gerçek veya tüzel kişilerce taahhüt edilmiş olduğuna ilişkin belgenin aslı ya da noter onaylı sureti veya söz konusu belgenin aslı ile birlikte sunulacak fotokopisi veya kaynak kullanım hakkına ilişkin anlaşmanın tarafı kurum tarafından aslına uygunluğu tasdiklenmiş bir örneği ya da noter onaylı sureti,
c) Rüzgâr veya güneş enerjisine dayalı kaynaklar açısından; üretim tesisinin kurulacağı sahanın başvuruda bulunacak tüzel kişinin

mülkiyetine konu olması halinde, sahanın mülkiyet hakkına sahip olunduğuna ilişkin belge,

d) Tesisin kurulacağı saha üzerinde Yönetmelik kapsamında son üç yıl içinde elde edilmiş en az bir yıl süreli standardına uygun rüzgâr veya güneş ölçümü,

e) Önlisans başvurusunda bulunan tüzel kişi ile bu tüzel kişinin; 6446 sayılı Elektrik Piyasası Kanununun 5'inci maddesinin sekizinci fıkrası kapsamında yasaklı olmadığına ilişkin beyan.

f) Tüzel kişilikte doğrudan veya dolaylı pay sahibi olan gerçek ve tüzel kişilerin, pay oran ve tutarları belirtilmek suretiyle, ortaklık yapısını ortaya koyan bilgiler.

g) Yönetmelikte yer alan "kontrol" tanımı çerçevesinde bir ilişkinin varlığı halinde bu hususu izah eden beyan ve bu hususu tevsik eden bilgi ve belgeler.

h) Tüzel kişinin güncel sermaye tutarını gösteren belgeler.

i) MW cinsinden her bir kurulu güç başına Kurul kararı ile belirlenen tutarda, Kuruma muhatap düzenlenmiş ve Kurul kararı ile belirlenen örneğe uygun banka teminat mektubu

j) Önlisans başvurusunda bulunulan yıl itibariyle geçerli önlisans alma bedelinin Kurum hesabına yatırıldığına ilişkin belge. (Yerli doğal kaynaklar ile yenilenebilir enerji kaynaklarına dayalı üretim tesisi kurmak üzere önlisans almak için başvuruda bulunan tüzel kişilerin önlisans alma bedelinin yüzde onunu Kurum hesabına yatırmaları yeterlidir.)

k) Organize Sanayi Bölgeleri, Serbest Bölgeler, Endüstri Bölgeleri vb. gibi özel kanunla kurulmuş bölgelerde kurulacak üretim tesisleri için yetkili merciden üretim tesisi kurulmasında sakınca olmadığına ilişkin beyanname.

l) İlgili kurumdan alınacak yer lisansı

8- EPDK Kurul Kararlarıyla duyurulan tarihlerde önlisans başvurusunun yapılması

2014 yılı için rüzgâr ve güneş enerjisine dayalı üretim tesisi kurmak amacıyla yapılacak önlisans başvuruları usulü; TEİAŞ, Lisans Yönetmeliğinin yürürlüğe girdiği 02/11/2013 tarihinden itibaren 1 ay içerisinde 6446 sayılı EPK'nin 23'üncü maddesi çerçevesinde, 2014 yılı takip eden beş yıl için ve takip eden on yıl için olmak üzere, bağlantı noktasına göre ve/veya bölgesel bazda, sisteme bağlanabilecek rüzgâr veya güneş enerjisine dayalı üretim tesisi kapasitesini EPDK'ya bildirir ve internet sitesinde yayımlar. Kuruma bildirilen bağlanabilir üretim tesisi kapasitesi çerçevesinde, söz konusu bildirim tarihinden itibaren 16 ay sonrasına tekabül eden ayın;

1) İlk beş iş gününde güneş enerjisine dayalı başvurular,

2) Son beş iş gününde rüzgâr enerjisine dayalı başvurular için Kurum tarafından önlisans başvuruları alınır.

9- Önlisans başvurusunun EPDK tarafından ön incelemesi

a) Başvuru sırasında tüzel kişilerden istenen belgelerin gereğine uygun olarak teslim edilip edilmediği hakkındaki inceleme; sunulan belgelerin Kurum merkez evrakına giriş tarihini izleyen on iş günü içerisinde tamamlanır ve gereğine uygun olarak yapılmadığı tespit edilen önlisans başvurularındaki eksikliklerin onbeş iş günü içerisinde giderilmesi istenerek, giderilmediği takdirde başvuru sırasında sunulan belgelerin iade edileceği bildirilir.
b) Önlisans başvuru esaslarına göre eksiksiz olarak yapıldığı tespit edilen başvurular, başvuru tarihi itibariyle veya birinci fıkra kapsamında eksikliklerin giderildiğine ilişkin bilgi ve belgelerin Kurum evrakına giriş tarihi itibariyle değerlendirmeye alınmış sayılır.
c) Değerlendirmeye alınan önlisans başvurusuna ilişkin bilgiler Kurum internet sayfasında duyurulur. Duyurusu yapılan başvuruya, üçüncü şahıslar tarafından on iş günü içerisinde ve sadece kişisel hak ihlali açısından yazılı olarak itirazda bulunulabilir.

Değerlendirmeye alınan önlisans başvuruları ile ilgili olarak;

a) Kurum tarafından, kurulacak üretim tesisinin iletim ve/veya dağıtım sistemine bağlantısı ve sistem kullanımı hakkında TEİAŞ ve/veya üretim tesisinin bulunduğu dağıtım bölgesindeki dağıtım lisansı sahibi tüzel kişiden görüş istenir.
b) TEİAŞ ve/veya ilgili dağıtım şirketi, başvuru kapsamındaki üretim tesisinin bağlanması talep edilen trafo merkezi ile bağlantı kapasitesine

ilişkin ilgili mevzuat kapsamında oluşturulan görüşünü, bildirim tarihinden itibaren kırk beş gün içerisinde sonuçlandırarak EPDK'ya sunar.

c) Kuruma sunulan görüşler, on iş günü içerisinde başvuru sahibine bildirilir. Başvuru sahibinin, bağlantı ve sistem kullanımı hakkında oluşturulan görüş veya görüşleri kabul etmesi halinde söz konusu görüşleri kabul ve taahhüt ettiğine ilişkin belgeyi, aksi hâlde gerekçeleri ile birlikte itirazını on iş günü içerisinde Kuruma sunması zorunludur. Aksi hâlde bağlantı ve sistem kullanım hakkındaki görüş veya görüşleri kabul ve taahhüt etmiş sayılır.

10- EPDK tarafından ön incelemesi uygun bulunan Rüzgâr veya güneş enerjisine dayalı üretim tesisi kurmak için yapılan önlisans başvuruları, ilgili mevzuat çerçevesinde teknik değerlendirmesinin yapılabilmesi için Yenilenebilir Enerji Genel Müdürlüğüne gönderilir.

11- Teknik değerlendirmesi uygun görülenler için YEGM tarafından hazırlanan "Teknik Değerlendirme Sonuç Raporu'nun EPDK'ya iletilir. EPDK iletilen raporu bağlantı görüşlerinin oluşturulması için TEİAŞ'a ve/veya ilgili dağıtım şirketine gönderir.

12- Teknik değerlendirmesi yapılan ve aynı bölgede bulunan başvurular için TEİAŞ tarafından "yarışma" sürecinin tamamlanması

13- Birim "MW" kurulu güç için en fazla ücreti ödemeyi taahhüt eden başvurunun TEİAŞ tarafından EPDK'ya bildirilmesi

14- Yarışmayı kazanan Şirkete EPDK tarafından "Önlisans" verilmesi

Önlisansın süresi mücbir sebep hâlleri hariç yirmi dört ayı geçemez. Önlisans verilirken, başvurunun kaynak türüne ve kurulu gücüne bağlı olarak, bu sürenin otuz altı aya kadar uzatılmasına ilişkin hususlar, Kurul kararı ile düzenlenir. Önlisans sahibi tüzel kişi, önlisansa konu üretim tesisinin yatırımına başlanabilmesi için önlisans süresi içerisinde aşağıdaki iş ve işlemleri tamamlamakla yükümlüdür:

a) Üretim tesisinin kurulacağı sahanın önlisans sahibi tüzel kişinin mülkiyetinde olmaması halinde, söz konusu sahanın mülkiyet veya kullanım hakkının elde edilmesi, rezervuarlı hidroelektrik santrallerinde su tutma alanları ile ilgili olarak kamulaştırma kararının alınması, nükleer santrallerde üretim tesisinin kurulacağı sahaya ilişkin tahsis işlemlerinin yapılması,

b) Kurulması planlanan üretim tesisine ilişkin imar planlarının onaylanması, (Çevre ve Şehircilik Bakanlığından)

c) Üretim tesisinin inşaatına başlanabilmesi için gerekli olan ön proje onayının alınması (Elektrik tesislerinin, hesap ve raporlarını inceleyerek proje paftalarını onaylamak üzere görevlendirilmiş Bakanlık birimini veya bu amaçla Bakanlık tarafından yetkilendirilen DSİ, TEİAŞ, TEDAŞ, EDAŞ, EÜAŞ, OSB ve benzeri ihtisas sahibi kurum ve kuruluşların onayı)

ç) Bağlantı ve sistem kullanım anlaşmaları için TEİAŞ veya ilgili dağıtım şirketine başvurunun yapılması,

d) 17/1/1983 tarihli ve 83/5949 sayılı Bakanlar Kurulu Kararı ile yürürlüğe konulan Askeri Yasak Bölgeler ve Güvenlik Bölgeleri Yönetmeliği uyarınca gerekli görüşlerin alınması,

e) Önlisans alma tarihinden itibaren; Yüz seksen gün içerisinde Rüzgâr başvurularına ilişkin Teknik Etkileşim İzninin alınması (Bulunduğu yörede rüzgâr elektrik santralinin; Genelkurmay Başkanlığının sorumluluğunda işletilen haberleşme, seyrüsefer ve radar sistemlerine ve MİT Müsteşarlığının sorumluluğunda işletilen sistemlere olan etkileşimi konusunda Bakanlık, Genelkurmay Başkanlığı ve MİT Müsteşarlığı tarafından birlikte belirlenen kamu kurum ve/veya kuruluşları tarafından yapılan teknik etkileşim iznine esas Teknik Etkileşim Analizinin neticesine göre, ilgili kurum tarafından olumlu veya şartlı olarak Bakanlık aracılığıyla ilgili kişilere verilen izin),

f) Önlisans alma tarihinden itibaren; Doksan gün içerisinde Çevresel Etki Değerlendirmesi Yönetmeliği kapsamında gerekli olan kararın alınması, (Çevre ve Şehircilik Bakanlığından)

g) Üretim tesisine ilişkin yapı ruhsatının veya söz konusu ruhsatın yerine geçecek belgenin alınması veya söz konusu ruhsatın alınmasına gerek olmadığına ilişkin belgenin sunulması, (Belediyelerden)

ğ) Önlisansa konu üretim tesisi ile ilgili olarak;

1) Yerli kömüre dayalı üretim tesisleri ile jeotermal kaynağa dayalı üretim tesisleri için kaynak kullanım hakkına ilişkin anlaşmanın, (İl Özel İdarelerinden)
2) Hidrolik kaynağa dayalı üretim tesisleri için DSİ ile yapılmış Su Kullanım Hakkı Anlaşmasının,
3) Rüzgâr veya güneş enerjisine dayalı üretim tesisleri için TEİAŞ ile imzalanmış RES veya GES Katkı Payı anlaşmasının, yapılmış olması.

15- Önlisans sürecinde yükümlülüklerin tamamının yerine getirilmesi ve şirket tarafından tesis kurulumuna yönelik her türlü idari izinlerin alınması ve tesisin imar planlarına işlenmesi, Lisans için EPDK'ye başvurulması;

Başvuru sırasında tüzel kişilerden istenen belgelerin gereğine uygun olarak teslim edilip edilmediği hakkındaki inceleme; sunulan belgelerin Kurum merkez evrakına giriş tarihini izleyen on iş günü içerisinde tamamlanır ve gereğine uygun olarak yapılmadığı tespit edilen lisans başvurularındaki eksikliklerin onbeş iş günü içerisinde giderilmesi istenerek, giderilmediği takdirde başvuru sırasında sunulan belgelerin iade edileceği bildirilir. Lisans başvuru esaslarına göre eksiksiz olarak yapıldığı tespit edilen başvurular, başvuru tarihi itibariyle veya eksikliklerin giderilmesine ilişkin bilgi ve belgelerin Kurum evrakına giriş yaptığı tarih itibariyle, değerlendirmeye alınır. Değerlendirmeye alınan lisans başvurusuna ilişkin Kurum tarafından yapılan değerlendirme, 45 gün içerisinde tamamlanarak, söz konusu değerlendirme Kurula sunulur ve lisans başvurusu Enerji Piyasası Düzenleme Kurulunun kararıyla sonuçlandırılır.

2.1.3.2 Jeotermal kaynaklar ve doğal mineralli sular kanunu uygulama yönetmeliği

5686 sayılı kanunun uygulanmasına dair uygulamaları düzenlenmesi amacıyla 11/12/2007 tarih 26727 sayılı RG yürürlüğe giren yönetmelik belirlenmiş ve belirlenecek jeotermal kaynaklar ve çözünmüş katı madde içeriği en az 1000 mg/lt olan doğal mineralli sular ile jeotermal kökenli gazların aranması ve işletilmesi için ruhsatların verilmesi, devredilmesi, birleştirilmesi, faaliyetlerin, kaynağın ve çevrenin denetlenmesi, ruhsatın sona erdirilmesi, kaynak ve kabotajın korunması, ruhsat alanının terk edilmesi ile ilgili usul, esas ve yaptırımları kapsamaktadır.

Yönetmelikte, Jeotermal kaynak ve doğal mineralli suların kullanım alanlarının tamamına ilişkin düzenlemelere yer verilmiş, elektrik üretimine öncelik tanınmasına dair esaslar 25'inci maddenin 4) bendinde ve 27/A maddenin (11) bendinde hüküm altına alınmıştır.

2.1.3.3 Elektrik enerjisi üretimine yönelik jeotermal kaynak alanlarının kullanımına dair yönetmelik

2.1.3.2 başlığında yer alan yönetmelik, Jeotermal kaynak ve doğal mineralli suların kullanılması ile ilgili genel hükümleri düzenlerken 14/10/2008 tarih 27024 sayılı RG ile yürürlüğe giren bu yönetmelikte, elektrik enerjisi üretimine uygun jeotermal kaynak alanlarının kullanımına ilişkin kamulaştırma ve işletme ruhsatı sahibi yatırımcının başvuru ve bildirimlerine ilişkin uygulamalara yer verilmiştir.

2.1.3.4 Rüzgâr enerjisine dayalı lisans başvurularının teknik değerlendirilmesi hakkında yönetmelik

09/11/2008 tarih 27049 sayılı RG ile yürürlüğe giren yönetmelik, elektrik enerjisi üretiminde rüzgâr enerjisinin etkin ve verimli kullanımını sağlamak amacıyla Rüzgâr enerjisi kaynak alanlarının belirlenmesi, başvurularının teknik değerlendirilmesi, proje kontrolü, inşaat dönemi denetimleri, destek hizmetlerine ilişkin uygulamaları kapsamaktadır.

2.1.3.5 Rüzgâr enerjisine dayalı üretim tesisi kurmak üzere yapılan lisans başvurularına ilişkin yarışma yönetmeliği

22/09/2010 tarih 27707 sayılı RG ile yürürlüğe giren yönetmelik 6446 sayılı kanunun da yer alan önlisans uygulamasına ilişkin hükümler doğrultusunda 06/12/2013 tarih 28843 sayılı RG yayımlanan Rüzgâr ve Güneş

Enerjisine Dayalı Üretim Tesisi Kurmak Üzere Yapılan Önlisans Başvurularına İlişkin Yarışma Yönetmeliğinin yürürlüğe girmesiyle yürürlükten kaldırılmıştır.

2.1.3.6 Güneş enerjisine dayalı elektrik üretim tesisleri hakkında yönetmelik

Güneş enerjisine dayalı elektrik üretim tesislerinde ve güneş enerjisi ile birlikte diğer yenilenebilir enerji veya birincil enerji kaynağı kullanan hibrit tesislerde kullanılan aksamın usul ve esaslarının düzenlenmesi, Kurulu tesisin mekanik ve/veya elektro-mekanik aksamın standartları, test yöntemleri ve elektrik üretim miktarlarının denetimi uygulamalarını belirlemek üzere 19/06/2011 tarih 27869 sayılı RG ile yürürlüğe girmiştir.

2.1.3.7Elektrik piyasasında lisanssız elektrik üretimine ilişkin yönetmelik

Elektrik piyasasında lisanssız elektrik üretimine ilişkin olarak 6446 sayılı EPK'nin 14'üncü maddesi ve 5346 sayılı YEK'in 6/A maddelerinin uygulanmasına yönelik yürürlüğe girmiştir. Yönetmeliğin 1'inci maddesinde;

> Tüketicilerin elektrik ihtiyaçlarının tüketim noktasına en yakın üretim tesislerinden karşılanması, arz güvenliğinin sağlanmasında küçük ölçekli üretim tesislerinin ülke ekonomisine kazandırılması ve etkin kullanımının sağlanması, elektrik şebekesinde meydana gelen kayıp miktarlarının düşürülmesi amacıyla lisans alma ile şirket kurma yükümlülüğü olmaksızın, elektrik enerjisi üretebilecek gerçek veya tüzel kişilere uygulanacak usul ve esaslarının belirlenmesi amaçlanmıştır.

02/10/2013 tarih 28743 sayılı RG ile yayımlanmış ve 21/7/2011 tarihli ve 28001 sayılı Resmî Gazete'de yayımlanan Elektrik Piyasasında Lisanssız Elektrik Üretimine İlişkin Yönetmelik yürürlükten kaldırılmıştır.

6446 sayılı EPK'nin 14'üncü maddesinde belirtilen hususlar çerçevesinde yenilenebilir enerji kaynaklarından elektrik üretecek tesislerin sisteme bağlanmasına ilişkin teknik usul ve esaslar ile bu üretim tesislerinin kurulmasına ilişkin başvuru yapılmasına ve başvuruların değerlendirilmesine, ihtiyacının üzerinde üretilen elektrik enerjisinin sisteme verilmesi halinde uygulamaya, faaliyet kapsamında üretim tesisi, arazi temini ve tarafların hak ve yükümlülükleri ile bu tesislerin denetimi hükümleri düzenlenmiştir.

Yenilenebilir enerji kaynaklarından lisanssız elektrik üretimi için kurulan tesislerin faaliyetlerinin yönetmelik hükümleri doğrultusunda ifa etmeleri şartı ile 5346 sayılı YEK kanuna ekli I ve II sayılı cetvel de yer alan teşvik fiyatlarından faydalanacağı yönetmeliğin 20 ve 21'inci maddelerinde belirtilmiştir.

Lisanslı elektrik üretiminde, yenilenebilir enerji kaynaklarının elverişli olduğu alanların kamulaştırılması ile ilgili düzenleme 6446 sayılı Kanunun 19'uncu maddesinde hüküm altına alınmış ancak bu yönetmelik kapsamında kurulacak üretim tesisleri için kamulaştırma işleminin yapılmayacağı 26'ncı maddesinde düzenlenmiştir.

Elektrik Piyasası Lisans Yönetmeliğinin 28'inci maddesinin 2'nci fıkrasının (b) bendi, kapsamında lisans alıncaya kadar istisnalar hariç önlisans aşamasında devir işlemlerinin yapılamayacağı düzenlenmişken, bu yönetmeliğin 29'uncu maddesinde lisanssız üretim tesisi geçici kabulü yapılmış olmak kaydıyla satış, devir veya diğer bir düzenleme ile bu Yönetmelik veya İlgili Mevzuat kapsamında üretim faaliyeti göstermek isteyen başka bir gerçek veya tüzel kişiye devredilebilir, hükmü yer almaktadır.

Yenilenebilir Enerji Kaynaklarına Dayalı Lisanssız Üretim Başvuru Süreci

1- LÜY yönetmeliği kapsamında, üretim yapmak isteyen gerçek veya tüzel kişiler, bağlantı ve sistem kullanımı amacıyla, Lisanssız Üretim Bağlantı Başvuru Formu ile doğrudan İlgili Şebeke İşletmecisine başvurur. Bu başvurularda;

a) Üretim tesisinin kurulacağı yere ait tapu kaydı veya kira sözleşmesi veya kullanım hakkını gösterir belge,
b) Kojenerasyon tesisleri için tesis toplam verimliliğine ilişkin belge,
c) Biyokütle ve biyokütleden elde edilen gaz (çöp gazı dâhil) ile rüzgâr ve güneş enerjisine dayalı üretim tesisleri hariç olmak üzere yenilenebilir enerji kaynaklarının kullanım hakkının elde edildiğine dair belge,

ç) Başvuru ücretinin İlgili Şebeke İşletmecisinin hesabına yatırıldığına dair makbuz veya dekont,

d) Kurulacak tesisin teknik özelliklerini de gösteren Tek Hat Şeması, sunulur.

Hidrolik kaynaklara dayalı üretim tesisi kurmak isteyen gerçek veya tüzel kişiler ek olarak; sisteme bağlantı ve su kullanım hakkı edinimi amacıyla, tesisin kurulacağı yerin İl Özel İdaresine başvuruda bulunur. İl Özel İdareleri, üretim tesisinin yapımının su rejimi açısından uygun bulunduğuna dair görüş almak için her takvim ayı içinde alınan bağlantı başvurularını takip eden ayın ilk beş günü içinde DSİ'nin yetkili bölge müdürlüklerine gönderir. İlgili DSİ birimi, su rejimi açısından uygunluk görüşünü kendisine başvurunun ulaştığı ayı takip eden ayın yirminci gününe kadar sonuçlandırır ve İl Özel İdaresine gönderir. DSİ'nin ilgili birimi tarafından gönderilen görüşün olumlu olması halinde, İl Özel İdaresi olumlu görüşün kendisine ulaştığı ayı takip eden ayın ilk beş günü içerisinde bağlantıya ilişkin başvuruyu İlgili Şebeke İşletmecisine gönderir.

Ürettiği enerjinin tamamını iletim veya dağıtım sistemine vermeden kullanan, üretimi ve tüketimi aynı ölçüm noktasında olan, yenilenebilir enerji kaynaklarına dayalı üretim tesisleri ve Bakanlıkça belirlenecek verimlilik değerini sağlayan kategorideki kojenerasyon tesisleri, için başvurular;

a) İletim seviyesinden bağlanacak üretim tesisleri için TEİAŞ'a,

b) Dağıtım seviyesinden bağlanacak üretim tesisleri için ilgili dağıtım şirketi veya OSB dağıtım lisansı sahibi tüzel kişiye, yapılır.

LÜY yönetmeliği 7'nci madde kapsamında başvuruda bulunan gerçek veya tüzel kişilerin, başvuruda bulunduğu ay içerisinde ilgili üretim tesisine ilişkin yazılı olarak kurulu güç değişikliği talebinde bulunması halinde;

a) Kurulu güç değişikliğine ilişkin talep tarihi başvuru tarihi olarak kabul edilir.

b) Yeni kurulu güce göre sunulması gereken belgeler başvuru ekinde sunulur.

2- Tüm başvurular toplu hâlde takip eden ayın ilk 20 günü içinde İlgili Şebeke İşletmecisi tarafından değerlendirilir. İlgili Şebeke İşletmecisi, eksikliklerin 10 iş günü içinde tamamlanması için bildirimde bulunur. İlgili Şebeke İşletmecisi, değerlendirme neticesini ve bağlantı noktası uygun bulunmayan başvurular için varsa alternatif bağlantı önerisini kendi internet sayfasında 1 ay süreyle ilan eder. Kendisine alternatif bağlantı görüşü verilen başvuru sahibi İlgili Şebeke İşletmecisine, 1 ay içerisinde bağlantı görüşünü kabul ettiğini yazılı olarak bildirir.

Rüzgâr enerjisine dayalı başvurulardan; bağlantı noktası uygun bulunanlar ile alternatif bağlantı önerilen başvurular10 gün içinde Teknik Değerlendirme Raporu hazırlanması için YEGM gönderilir. YEGM 30 gün içerisinde sonuçlandırır ve İlgili Şebeke İşletmecisine bildirir.

3- Hidrolik kaynağa dayalı üretim tesisleri bakımından ilgili İl Özel İdaresinden su kullanım hakkı izin belgesini alan ve diğer kaynaklar bakımından bağlantı başvurusu uygun bulunan veya İlgili Şebeke İşletmecisi tarafından teklif edilen alternatif bağlantı noktası önerisini kabul edenler ile rüzgâr enerjisine dayalı başvurularda Teknik Değerlendirme Raporu olumlu olanlara İlgili Şebeke İşletmecisi Bağlantı Anlaşmasına Çağrı Mektubu gönderilir. Kendisine Bağlantı Anlaşmasına Çağrı Mektubu gönderilen gerçek veya tüzel kişilere, söz konusu su kullanım hakkı izin belgesinin alınma veya Bağlantı Anlaşmasına Çağrı Mektubunun tebliğ tarihinden itibaren yüz seksen gün süre verilir. Gerçek veya tüzel kişiler söz konusu sürenin ilk doksan günü içerisinde üretim tesisi ve varsa irtibat hattı projesini Bakanlık veya Bakanlığın yetki verdiği kurum ve/veya tüzel kişilerin onayına sunar. Doksan gün içinde proje onayı için başvuruda bulunmayan gerçek veya tüzel kişilerin bağlantı başvuruları geçersiz sayılarak sunmuş oldukları belgeler kendilerine iade edilir.

Üretim tesisinin inşaatına başlanabilmesi için İlgili Teknik Mevzuat çerçevesinde alınması gereken proje onayı, (Elektrik tesislerinin, hesap ve raporlarını inceleyerek proje paftalarını onaylamak üzere görevlendirilmiş Bakanlık birimini veya bu amaçla Bakanlık tarafından yetkilendirilen DSİ, TEİAŞ, TEDAŞ, EDAŞ, EÜAŞ, OSB ve benzeri ihtisas sahibi kurum ve kuruluşların onayı)

Rüzgâr enerjisine dayalı başvurularda Teknik Etkileşim İzni. (Bulunduğu yörede rüzgâr elektrik santralinin; Genelkurmay Başkanlığının sorumluluğunda işletilen haberleşme, seyrüsefer ve radar sistemlerine ve MİT Müsteşarlığının sorumluluğunda işletilen sistemlere olan etkileşimi konusunda Bakanlık, Genelkurmay Başkanlığı ve MİT Müsteşarlığı tarafından birlikte belirlenen kamu kurum ve/veya kuruluşları tarafından yapılan teknik etkileşim iznine esas Teknik Etkileşim Analizinin neticesine göre, ilgili kurum tarafından olumlu veya şartlı olarak Bakanlık aracılığıyla ilgili kişilere verilen izin)

4- Gerekli izinleri süresi içinde tamamlayan gerçek veya tüzel kişiler İlgili Şebeke İşletmecisine bağlantı anlaşması yapmak için başvuruda bulunur. Sunulan belgelerin eksiksiz olması halinde İlgili Şebeke İşletmecisi kendileriyle otuz gün içerisinde bağlantı anlaşması imzalamakla yükümlüdür ve inşaat dönemine başlanılır.

5- Bu Yönetmelik hükümlerine göre Şebekeye bağlanacak üretim tesislerinin geçici kabul işlemlerinin, bağlantı anlaşmasının imza tarihinden itibaren;

a) YG seviyesinden bağlanacak hidrolik kaynağa dayalı üretim tesislerinde üç yıl,
b) YG seviyesinden bağlanacak hidrolik kaynağa dayalı üretim tesisleri dışındaki üretim tesislerinde iki yıl,
c) AG seviyesinden bağlanacak tüm üretim tesislerinde bir yıl,
ç) İletim şebekesine bağlanacak üretim tesislerinde Elektrik Piyasası Lisans Yönetmeliği çerçevesinde aynı niteliklere sahip üretim tesisleri için öngörülen süre içerisinde tamamlanması

Bakanlık veya Bakanlığın yetkilendirdiği kurum tarafından geçici kabul yapılması ve akabinde 1 ay içinde Sistem Kullanım Anlaşması yapılarak, üretim tesisi devreye girecektir.

6- Yenilenebilir enerji kaynaklarından üretim yapmak amacıyla İlgili Şebeke İşletmecisi ile bağlantı anlaşması ve sistem kullanım anlaşmasını imzalayan üreticilere, talep etmeleri halinde, Üretim Kaynak Belgesi İlgili Şebeke İşletmecisi tarafından verilir. Başvurular İlgili Şebeke İşletmecisi tarafından en geç on iş günü içerisinde sonuçlandırılır.

2.1.3.8 Güneş enerjisine dayalı üretim tesisi kurmak üzere yapılan lisans başvurularına ilişkin yarışma yönetmeliği

29/05/2012 tarih 28307 sayılı RG ile yürürlüğe giren yönetmelik 6446 sayılı kanunun da yer alan önlisans uygulamasına ilişkin hükümler doğrultusunda 06/12/2013 tarih 28843 sayılı RG yayımlanan Rüzgâr ve Güneş Enerjisine Dayalı Üretim Tesisi Kurmak Üzere Yapılan Önlisans Başvurularına İlişkin Yarışma Yönetmeliğinin yürürlüğe girmesiyle yürürlükten kaldırılmıştır.

2.1.3.9 Yenilenebilir enerji kaynaklarının belgelendirilmesi ve desteklenmesine ilişkin yönetmelik

Yenilenebilir enerji kaynaklarına dayalı elektrik enerjisi üretim lisansı sahibi tüzel kişiler ile LÜY kapsamındaki gerçek ve tüzel kişilerin YEK Destekleme Mekanizmasından faydalanmasına ilişkin hükümleri içeren yönetmeliğin 01/10/2013 tarih ve 28782 sayılı RG ile yürürlüğe girmesiyle, 21/07/2011 tarih ve 28001 sayılı RG yayımlanan Yenilenebilir enerji kaynaklarının Belgelendirilmesi ve Desteklenmesine İlişkin Yönetmelik yürürlükten kalkmıştır.

YEKDEM yenilenebilir enerji kaynaklarına dayalı elektrik üretimini desteklemek için 5346 sayılı YEK Kanunu kapsamında elektrik üreticilerine fiyat alım garantisi sağlamaktadır. Yönetmelikte, başvuru, mekanizmadan yararlanılacak süre ve işleyişi, YEKDEM kapsamında enerjinin satın alınması ve tarafların hak ve yükümlülüklerine ilişkin düzenlemelere yer verilmiştir.

YEKDEM uygulanacak teşvik fiyatları, 2.1.1.2 başlığında YEK Kanununa ekli I ve II sayılı Cetveller uyarınca belirlenecek fiyatlar Tablo 9 ve 10'da belirtilmiş olup, lisanslı üreticilerin, lisans bazında bir sonraki takvim yılında YEKDEM`den yararlanmak istemeleri halinde 31 Ekim tarihine kadar EPDK'ye başvuruda bulunması gerektiği ve LÜY kapsamında yenilenebilir enerji kaynaklarına dayalı olarak üretim tesisi kuran gerçek veya tüzel kişilerin sisteme verdikleri ihtiyaç fazlası elektrik enerjisini satın almakla yükümlü olan Görevli tedarik şirketlerinin lisans süreleri boyunca başvuru alınmaksızın YEKDEM kayıtlarının yapılacağı düzenlenmiştir.

Bu yönetmeliğin yürürlüğe girmesiyle, 4/10/2005 tarihli ve 25956 sayılı Resmî Gazete'de yayımlanan Yenilenebilir Enerji Kaynak Belgesi Verilmesine İlişkin Usul ve Esaslar Hakkında Yönetmelik yürürlükten kaldırılmıştır. Kaldırılan yönetmelikte düzenlenen Yenilenebilir Enerji Kaynak Belgesine ilişkin hükümlere 24'üncü madde de yer verilmiş olup, Lisanslı üretim kapsamında, yenilenebilir enerji kaynağından üretilebilir elektrik enerjisinin ulusal ve/veya uluslararası piyasalarda satışında kaynak türünün belirlenmesi ve takibi, YEKDEM kapsamındaki uygulamalardan yararlanılması, yenilenebilir enerji kaynaklarına dayalı üretim tesisinde üretilen elektrik enerjisinin emisyon ticareti kapsamındaki piyasalarda satışında kaynak türünün belirlenmesi ve takibi için kullanılması amacıyla belgenin verildiği düzenlenmiştir.

2.1.3.10 Yenilenebilir enerji kaynaklarından elektrik enerjisi üreten tesislerde kullanılan aksamın yurt içinde imalatı hakkında yönetmelik

5346 sayılı YEK Kanunun 6/B maddesi kapsamında II sayılı Cetvelde yer alan teşvik fiyatlardan yararlanmak isteyen lisanslı ve lisanssız üreticilerin yenilenebilir enerji kaynaklarından elektrik enerjisi üreten tesislerde yerli aksam[1] kullandıklarına, bu aksamın ve bütünleştirici parçaların yönetmelik EK-1'de yer alan "Yurt İçinde İmal Edilen Aksam ve Bütünleştirici Parçalar Listesi''de yer aldığına dair işlemlerin belgelendirilmesi, bildirimi, yerli katkı fiyatın belirlenmesi ve denetlenmesine ilişkin hükümleri kapsayan yönetmelik 19/06/2011 tarihli ve 27969 sayılı RG ile yürürlüğe girmiş, en son 04/09/2013 tarih 28755 sayılı RG yayımlanan yönetmelik ile değişikliğe gidilmiştir.

2.1.3.11 Güneş enerjisine dayalı lisans başvurularının teknik değerlendirilmesi hakkında yönetmelik

Yenilenebilir enerji kaynaklarından güneş enerjisine dayalı üretim tesislerinin, lisans başvurularına ilişkin olarak sahaların etkin ve verimli kullanılmasına yönelik teknik değerlendirilmesine[2]yönelik usul ve esasları belirlemek amacıyla 01/06/2013 tarih 28664 sayılı RG ile yürürlüğe girmiştir.

---

[1] Yerli Aksam: Bu Yönetmeliğin ekinde yer alan "EK-1 Yurt İçinde İmal Edilen Aksam ve Bütünleştirici Parçalar Listesi"nde açıklanan bütünleştirici parçalarının yerli aksam oranları bazında en az %55'i yurt içi katma değerle üretilen aksamı,

[2] Teknik değerlendirme raporu: Rüzgâr veya güneş enerjisine dayalı üretim sahalarının etkin kullanılmasına ilişkin YEGM tarafından yapılan değerlendirmeyi,

2.1.3.12 Rüzgâr ve güneş enerjisine dayalı üretim tesisi kurmak üzere yapılan önlisans başvurularına ilişkin yarışma yönetmeliği

Bu yönetmelik, 6446 sayılı EPK Kanunun yürürlüğe girmesiyle Kanunun 7'inci maddesinin (4) fıkrasının ç) bendi;

Değerlendirmede aynı bağlantı noktasına ve/veya aynı bağlantı bölgesine bağlanmak için birden fazla başvurunun bulunması hâlinde başvurular arasından ilan edilen kapasite kadar sisteme bağlanacak olanları belirlemek için TEİAŞ tarafından, işletmeye girdikten sonra en fazla üç yıl içerisinde ödenmek üzere birim megavat başına en yüksek toplam katkı payını ödemeyi teklif ve taahhüt edenlerin seçilmesi esasına dayanan yarışma yapılır. Yarışmaya ve yarışma sonunda belirlenen katkı payının ödenmesine ilişkin usul ve esaslar TEİAŞ tarafından teklif edilen ve Kurum tarafından çıkarılan yönetmelikle düzenlenir. Rüzgâr ve güneş enerjisi lisans başvurularının teknik değerlendirmesine ilişkin usul ve esaslar Bakanlık tarafından çıkarılan yönetmelikle düzenlenir.

hükmünün uygulanmasına ilişkin yarışmaya katılım, başvuru esasları, yarışma sonrası işlemler ve ödenecek katkı payına ilişkin düzenlemeleri içermektedir.

Bu yönetmeliğin yürürlüğe girmesiyle 22/9/2010 tarihli ve 27707 sayılı Resmî Gazete'de yayımlanan Rüzgâr Enerjisine Dayalı Üretim Tesisi Kurmak Üzere Yapılan Lisans Başvurularına İlişkin Yarışma Yönetmeliği ve 29/5/2012 tarihli ve 28307 sayılı Resmî Gazete'de yayımlanan Güneş Enerjisine Dayalı Üretim Tesisi Kurmak Üzere Yapılan Lisans Başvurularına İlişkin Yarışma Yönetmeliği yürürlükten kaldırılmıştır.

2.1.3.13 Elektrik enerjisi üretimine yönelik yenilenebilir enerji kaynak alanlarının belirlenmesi, derecelendirilmesi, korunması ve kullanılmasına ilişkin usul ve esaslara dair yönetmelik

Bu yönetmelik 5346 sayılı YEK kanunun 4'üncü maddesinde düzenlenen hükmün uygulamasına ilişkin olarak aşağıdaki haliyle yürürlüğe girmiştir.

Bu Kanunun yürürlük tarihinden sonra kamu veya Hazine arazilerinde yenilenebilir enerji kaynak alanlarının kullanımını ve verimliliğini etkileyici imar planları düzenlenemez.

Elektrik enerjisi üretimine yönelik yenilenebilir kaynak alanlarının ilgili kurum ve kuruluşların görüşü alınarak belirlenmesi, derecelendirilmesi, korunması ve kullanılmasına ilişkin usul ve esaslar yönetmelikle düzenlenir. Belirlenen yenilenebilir kaynak alanları imar planlarına resen işlenmek üzere Bakanlık tarafından ilgili mercilere bildirilir.

Yönetmelik, kamu ve hazine arazilerinin potansiyel yenilenebilir enerji kaynak alanı olarak değerlendirilebilmesi için kaynağın varlığının tespiti amacı ile yapılan çalışma esaslarını, enerji talebinin karşılanmasında önemli katkılarının olacağı bilimsel veya teknik çalışmalarla ortaya konulan geliştirilebilir yenilenebilir enerji kaynaklarından en az birinin yüksek yoğunlukta bulunduğu alanları, enerji piyasasında üretim tesislerinin kaynak, altyapı imkânları ve yatırım maliyetlerini de dikkate alarak öncelikli olarak değerlendirilecek yenilenebilir enerji kaynak alanlarının belirlenmesine yönelik çalışmaları, YEKA'da kaynağın doğallığının muhafaza edilmesi ve devamlılığının sağlanmasına yönelik düzenlemeleri kapsamaktadır.

Belirlenen alanlarda yenilenebilir enerji üretim faaliyetinin yapılabilmesi için lisans alınmasının zorunlu olduğu, Elektrik Piyasasında Lisanssız Elektrik Üretimine İlişkin Yönetmelik kapsamında işlem yapılamayacağı yönetmeliğin 5'inci maddesinde hüküm altına alınmıştır.

27 Kasım 2013 tarih 28834 sayılı RG ile yürürlüğe giren bu yönetmelik kapsamında yapılacak işlemlerin ayrıntılı bir şekilde açıklandığı Bakanlık tarafından yürürlüğe konulacak Teknik Kılavuz Tebliği ile belirleneceği 4'üncü maddenin f) bendinde düzenlenmiş ancak tebliğin yayınlandığına ilişkin bir bilgiye rastlanılmamıştır.

2.1.3.14 Enerji sektörü araştırma-geliştirme projeleri destekleme programına (ENAR) dair yönetmelik

Bu yönetmelik aşağıdaki gibi düzenlenerek 08/06/2010 tarih 27605 sayılı RG ile yürürlüğe girmiştir.

Enerji ve Tabii Kaynaklar Bakanlığı tarafından enerji politikalarına, arz güvenliğine, yerli enerji teknolojileri ve endüstrisine hizmet edecek şekilde oluşturulacak bilimsel ve teknolojik bilgiyi ürüne, sürece, yönteme, uygulamaya veya sisteme dönüştürmesi amacıyla teknoloji geliştirme ve yenilik odaklı araştırma, geliştirme, iyileştirme içeren proje çalışmalarının desteklenerek izlenmesi, sonuçlandırılması ve sonuçların değerlendirilmesine ilişkin usul ve esaslarının düzenlenmesi amaçlanmıştır.

Desteklenecek projeler yönetmeliğin 2'inci maddesinin (2) bendinde düzenlenmiş olup, Yerli enerji kaynakları kullanımının geliştirilmesi, Yenilenebilir enerji teknolojileri, Temiz enerji teknolojileri, Enerji elektro–mekanik teçhizatı imalat teknolojileri, Enerji verimliliği teknolojileri, Zararlı emisyonları azaltma teknolojileri, Çevrim teknolojileri,

Enerji iletim, dağıtım sistemlerinde akıllı şebeke uygulamalarından en az birini kapsaması gerektiği belirtilmiştir.

21/02/2013 tarih 28566 sayılı RG yayımlanan yönetmelikle destek oranı ve süresinde değişikliğe gidilmiş, desteklenmesine karar verilen ENAR proje bütçesinin en fazla %80'i Bakanlıkça, en az %20'si ise firma tarafından nakdi olarak karşılanacağı, proje için ön görülen bütçenin yetersiz kalması halinde ENAR projeleri yönlendirme heyeti tarafından uygun görülmesi şartı ile Bakanlık tarafından projeye en fazla proje toplam bütçesinin %10'u kadar ek bütçe verilebileceği ve destekleme süresi en çok iki yıl olacağı, ancak projenin süresinde sona ermemesi halinde ve gereksinimlere uygun olarak Genel Müdürlükçe uygun görülmesi şartı ile en fazla 6'şar aylık iki dönem ek süre verilebileceği düzenlenmiştir.

ÜÇÜNCÜ BÖLÜM

VERGİ MEVZUATI

3.1 Vergilendirmeye İlişkin Mevzuat

Yenilenebilir enerji kaynaklarından elektrik enerjisi üretim faaliyetinde bulunan mükelleflerin gelirleri, Gelir Vergisi Kanunu veya Kurumlar Vergisi Kanunu hükümlerine göre vergilendirilir. İşlem gördükleri Gerçek kişi veya Tüzel kişi mükellefiyet türü ile birlikte Geçici Vergi, Muhtasar, Katma Değer Vergisi ve Damga vergisi mükellefiyetleri de bulunur.

Elektrik piyasasında yenilenebilir enerji kaynaklarına ilişkin lisanslı elektrik üretim tesisi kurmak isteyen yatırımcının Türk Ticaret Kanunu'na göre elektrik üretimi amacıyla şirket kurma zorunluluğu (www.eie.gov.tr/yenilenebilir/lisansli_ yol_haritasi.aspx) düzenlenmişken, lisanssız elektrik üretimine ilişkin olarak 6446 sayılı EPK'nin 14'üncü maddesi ve 5346 sayılı YEK'in 6/A maddelerinin uygulanmasına yönelik, Elektrik Piyasasında Lisanssız Elektrik Üretimine İlişkin Yönetmeliğin 1'nci maddesi kapsamında Yenilenebilir enerji kaynaklarından elektrik enerjisi üreten küçük ölçekli üretim tesislerinin ülke ekonomisine kazandırılması amacıyla şirket kurma yükümlülüğünden muaf tutulmaktadır.

Bu bölümde, Türk vergi sistemi kapsamında yenilenebilir enerji yatırımcılarının vergi mükellefiyetleri, uygulamadaki mevzuat, indirimli vergi uygulamaları ve istisnaların uygulanması ile ilgili hükümlere değinilecektir.

3.1.1 Kurumlar Vergisi

5520 sayılı Kurumlar Vergisi Kanunu 1'nci madde de sayılan Sermaye şirketleri, Kooperatifler, İktisadî kamu kuruluşları, Dernek veya vakıflara ait iktisadî işletmeler ve İş ortaklıklarının gelir vergisinin konusuna giren gelir unsurlarından elde ettikleri kazançları kurumlar vergisine tabidir, 6'ncı madde de ise Kurumlar vergisinin, mükelleflerin bir hesap dönemi içinde elde ettikleri safî kurum kazancı üzerinden hesaplanacağı, safî kurum kazancının tespitinde, Gelir Vergisi Kanununun ticarî kazanç hakkındaki hükümlerinin uygulanacağı yer almaktadır.

6446 sayılı EPK kanunun geçici 3'üncü maddesindeki;

> Elektrik dağıtım şirketleri ile elektrik üretim tesis ve/veya şirketlerinin özelleştirilmesi çalışmaları kapsamında; 31/12/2023 tarihine kadar yapılacak devir, birleşme, bölünme, kısmi bölünme işlemleriyle ilgili olarak ortaya çıkan kazançlar, kurumlar vergisinden müstesnadır. Bu madde kapsamında yapılacak işlemler nedeniyle zarar oluşması hâlinde, bu zarar kurum kazancının tespitinde dikkate alınmaz. Yapılan bu bölünme işlemleri 13/6/2006 tarihli ve 5520 sayılı Kurumlar Vergisi Kanunu kapsamında yapılan bölünme işlemi olarak kabul edilir.

Bu hükmün uygulamasına dair işlemler, KVK Kanunun 19'uncu maddesinde tanımlanmış 20'nci maddesinde vergilendirmeye ilişkin şartlar düzenlenmiştir.

İstisna kapsamındaki bu işlemler de vergilendirme münfesih kurumun sadece devir, birleşme, bölünme ve kısmi bölünme tarihine kadar elde ettiği kazançlar vergilendirilir, birleşmeden doğan karlar ise hesaplanmaz ve vergilendirilmez.

Kanunun 32'nci maddesinde kurumların kazancından %20 oranında vergi hesaplanacağı, 5838 sayılı Kanun ile KVK'ye eklenen 32/A maddesi kapsamında teşvik belgeli bazı yatırımlardan elde edilen kazançlara daha düşük vergi oranının uygulanacağı hüküm altına alınmıştır. Bu hükümle yatırımlara indirimli kurumlar vergisi uygulaması ile devlet desteği sağlanması amaçlanmaktadır.

32/A maddesinin 1'inci fıkrasında indirimli kurumlar vergisi uygulaması dışında bırakılan sektörler belirtilmiş olup, 4283 sayılı Kanun kapsamında (yap-işlet modeli) elektrik enerjisi üretim tesisi yatırımları, 3996 sayılı Kanun kapsamında (yap-işlet-devret) yapılan yatırımlar, kapsam dışındaki faaliyetler arasında sayılmaktadır.

32/A maddesinin 2'nci fıkrasında;

Bu maddenin uygulamasında yatırıma katkı tutarı, indirimli kurumlar vergisi uygulanmak suretiyle tahsilinden vazgeçilen vergi yoluyla yatırımların Devletçe karşılanacak tutarını, bu tutarın yapılan toplam yatırıma bölünmesi suretiyle bulunacak oran ise yatırıma katkı oranını ifade eder.

Hükmü ile a), b), c) bentlerinde Bakanlar Kurulunun indirimli vergi uygulaması kapsamında illeri gruplandırmaya, sektörleri ve yatırıma katkı oranını belirlemeye yetkili olduğu belirtilmektedir.

Bu maddenin uygulanması ile ilgili oranlar 16/07/2009 tarih, 27290 sayılı RG ile yürürlüğe giren 2009/15199 sayılı BKK belirlenmiş ancak 2012/3305 sayılı BKK ile gruplandırılan iller 6 bölgeye çıkarılarak oranlar değiştirilmiştir. Büyük ölçekli, bölgesel teşvik uygulamaları kapsamında gerçekleştirilecek yatırımlara ve stratejik yatırımlara uygulanmaktadır.

Tablo 3.1: 31/12/2014 tarihine kadar (bu tarih dâhil) yatırıma başlanılmış olması halinde uygulanacak indirim oranları ile yatırıma katkı oranları (www.resmigazete.gov.tr/eskiler/2012/06/20120619-1.htm E.T.22/11/2014).

	Bölgesel Teşvik Uygulamaları		Büyük Ölçekli Yatırımlar	
Bölgeler	Yatırıma katkı oranı (%)	Kurumlar vergisi veya gelir vergisi indirim oranı (%)	Yatırıma katkı oranı (%)	Kurumlar vergisi veya gelir vergisi indirim oranı (%)
1	15	50	25	50
2	20	55	30	55
3	25	60	35	60
4	30	70	40	70
5	40	80	50	80
6	50	90	60	90

Stratejik yatırımlar için tüm bölgelerde uygulanacak vergi indirimi oranı %90 ve yatırıma katkı oranı %50 olarak düzenlenmiştir.

Örnek: 4'üncü bölgede 2014 yılı itibariyle faaliyete geçmiş bir yatırımdır.

Sabit yatırım: 10.000.000,00 TL

Kurumlar Vergisine Esas Bilanço (Karapınar, Aydın – Ayıkoğlu Zaif, Figen, 2012:10) Karı: 2.000.000,00 TL

Yatırıma Katkı Oranı: %30

Kurumlar Vergisi İndirim Oranı: %70

Yatırıma Katkı Tutarı = Sabit Yatırım Tutarı x Yatırıma Katkı Oranı

10.000.000,00 x %30 = 3.000.000,00 TL

Uygulanacak Kurumlar Vergisi = Kurumlar Vergisi Oranı x Kurumlar Vergisi İndirim Oranı

%20 x %70 = %14

%20 - %14 = %6

Yatırım Teşviki olmasaydı, 2.000.000,00 x %20 = 400.000,00 TL vergi ödenecekti.

İndirimli Kurumlar Vergisi uygulaması ile 2.000.000,00 x %6 = 120.000,00 TL vergi ödemesi yapılacaktır.

İndirimli Kurumlar Vergisi uygulaması ile 400.000,00 TL yerine 120.000,00 TL vergi tahsili gerçekleşecektir. 280.000,00 TL tahsilinden vazgeçilen vergi tutarıdır. İndirimli Kurumlar Vergisi Oranı (%6), Yatırıma Katkı Tutarı olarak hesaplanan 3.000.000,00 TL ulaşılıncaya kadar uygulanmaya devam edilecektir. Sonraki dönemlere devreden, 3.000.000,00 – 280.000,00 = 2.720.000,00 TL indirimli kurumlar vergisi matrahı bulunmaktadır.

2012/3305 sayılı BKK Vergi İndirimi başlıklı 15'inci maddesinde indirimli kurumlar vergisinden büyük ölçekli yatırımlar, bölgesel teşvik uygulamaları kapsamında gerçekleştirilecek yatırımlar ve Stratejik yatırımlar için uygulanacağı belirtilmiş (6) fıkrasında;

Arazi, arsa, royalti, yedek parça ve amortismana tâbi olmayan diğer harcamalar ile 5520 sayılı Kanun gereği finans ve sigortacılık konularında faaliyet gösteren kurumlar, iş ortaklıkları, 4283 sayılı Yap-İşlet Modeli ile Elektrik Enerjisi Üretim Tesislerinin Kurulması ve İşletilmesi ile Enerji Satışının Düzenlenmesi Hakkında Kanun ve 3996 sayılı Bazı Yatırım ve Hizmetlerin Yap-İşlet-Devret Modeli Çerçevesinde Yaptırılması Hakkında Kanun kapsamında gerçekleştirilen yatırımlar ve rödovans sözleşmesine bağlı olarak yapılan yatırımlar vergi indirimi desteğinden yararlanamayacağı, düzenlenmesi ile yenilenebilir enerji yatırımcıları indirimli kurumlar vergisi uygulanmak suretiyle yatırımların Devlet'çe desteklenmesini sağlayan bu teşvikden faydalanamamaktadır.

3.1.2 Gelir Vergisi

193 Sayılı Gelir Vergisi Kanunu 1'nci maddesinde "*Gerçek kişilerin gelirleri gelir vergisine tâbidir. Gelir bir gerçek kişinin bir takvim yılı içinde elde ettiği kazanç ve iratların safi tutarıdır.*" hükmü yer almaktadır.

193 sayılı Gelir Vergisi Kanununun ticari kazancın tarifinin yapıldığı 37'nci maddesinde her türlü ticari ve sınai faaliyetlerden doğan kazançların ticari kazanç olduğu hükme bağlanmış ve ticari kazançta vergiyi doğuran olayda tahakkuk esası benimsenmiş olup, aynı Kanunun bilanço esasında ticari kazancın tespiti ile ilgili 38'inci maddesinde, "Bilanço esasına göre ticari kazanç, teşebbüsteki öz sermayenin hesap dönemi sonunda ve başındaki değerleri arasındaki müspet farktır. Bu dönem zarfında sahip veya sahiplerce;

1- İşletmeye ilave olunan değerler bu farktan indirilir.
2- İşletmeden çekilen değerler ise farka ilave olunur..." hükmüne yer verilmiştir (www.gib.gov.tr/index.php?id=1028 E.T.20/10/2014).

Gelir vergisi artan oranlı hesaplanan bir vergi türüdür. Gerçek kişinin bir takvim yılında elde ettiği kazanç üzerinden GV Kanununun 103 maddesinde belirtilen tarife üzerinden hesaplanmaktadır.

Tablo 3.2: 2014 takvim yılı gelirlerinin vergilendirilmesinde uygulanacak tutar ve oranlar (www.gib.gov.tr/index.php?id=1028 E.T.20/10/2014)

11.000 TL'ye kadar	%15
27.000 TL'nin 11.000 TL'si için 1.650 TL, fazlası	%20
60.000 TL'nin 27.000 TL'si için 4.850 TL, (ücret gelirlerinde 97.000 TL'nin 27.000 TL'si için 4.850 TL), fazlası	%27
60.000 TL'den fazlasının 60.000 TL'si için 13.760 TL, (ücret gelirlerinde 97.000 TL'den fazlasının 97.000 TL'si için 23.750 TL), fazlası	%35

Yenilenebilir enerji kaynaklarına dayalı elektrik üretim faaliyetinde bulunmak isteyen yatırımcının lisans alma ve şirket kurma yükümlülüğünden muaf tutulacağının 6446 sayılı EPK kanunun 14'üncü maddesinde düzenlenmesi, gerçek kişilerin bu sektörde faaliyet göstermesi ile ilgili engelleri ortadan kaldırmıştır.

5838 sayılı Kanun ile KVK'ye eklenen 32/A maddesi kapsamında teşvik belgeli bazı yatırımlardan elde edilen kazançlara uygulanacak indirimli kurumlar vergisi 15.06.2012 tarihinde 6322 sayılı kanunun 39'uncu maddesine getirilen düzenleme ile Kurumlar vergisi 32/A hükmünün gelir vergisi mükellefleri hakkında da uygulanacağı yönünde değiştirilmiştir. Ancak çalışmanın 3.1.1 bölümünün son paragrafındaki açıklamalar yenilenebilir enerji kaynaklarından elektrik üretimi faaliyetinde bulunan gerçek usulde vergilendirilen mükellefler içinde geçerli olup, indirimli vergi uygulamasının kapsamı dışında bırakılmıştır.

GV kanunun 32'nci maddesinde gerçek usulde vergilendirilen ücretlere AGİ'nin uygulanacağı hüküm altına alınmıştır. Bu maddenin uygulanmasında Çalışma Sosyal Güvenlik Bakanlığınca yayımlanan asgari ücretin (ödenmesi zorunlu olan en az ücret) (www.resmigazete.gov.tr/main.aspx?home= www.resmigazete.gov.tr/eskiler/2013/12/20131231m1.htm&main=www.resmig azet. gov.tr/eskiler/2013/12/20131231m1.htm (E.T.18/12/2014) yıllık brüt tutarının ilgili yıl elde edilen toplam gelirden düşülerek vergi dışı bırakılmasıdır.

AGİ'nin hesaplanmasında;

1) Asgarî geçim indirimi, ücretin elde edildiği takvim yılı başında geçerli olan ve sanayi kesiminde çalışan 16 yaşından büyük işçiler için uygulanan asgarî ücretin yıllık brüt tutarına,
2) Mükellefin kendisi için %50'si,
3) Çalışmayan ve herhangi bir geliri olmayan eşi için %10'u,
4) Çocukların her biri için ayrı ayrı olmak üzere; ilk iki çocuk için %7,5'i,
5) Diğer çocuklar için %5'i, olmak üzere ücretlinin şahsi ve medeni durumu dikkate alınarak hesaplanan indirim oranlarının uygulanması sonucu bulunacak matrahın, gelir vergisi tarifesinin birinci gelir dilimine karşılık gelen %15'lik oranla çarpımı suretiyle bulunan tutarın 12'ye bölünmesi sonucu her aya isabet eden tutar hesaplanır. Hesaplanan bu tutar ise ödenecek vergiden mahsup edilir. Ancak, ödenecek asgari geçim indirimi tutarı aylık asgari ücret üzerinden hesap edilen vergiden fazla olamayacaktır (www.gib.gov.tr/index.php?id=74 E.T.13/12/2014).

Çalışma ve Sosyal Güvenlik Bakanlığı 31/12/2013 tarih 2013/1 numaralı Asgari Ücret Tespit Komisyon kararı ile 16 yaş altı ve 16 yaş üstü sınırı asgari ücret tespitine son verilmiş 01.01.2014 tarihi itibarı ile tek asgari ücretin uygulanacağı düzenlenmiştir. Yılı içerisinde asgari ücretin değişmesi durumunda bu değişiklik uygulamada dikkate alınmamaktadır.

Örnek: Ücretlinin eşinin çalışmadığı ve iki çocuğunun bulunması durumunda AGİ hesaplaması (2014 yılı asgari ücret tutarı Brüt 1.071,00 TL)

1) 2014 Yılı Asgari Ücretin Yıllık Brüt Tutarı (1.071,00 x 12) 12.852,00
2) Ücretlinin Asgari Geçim İndirim Oranı (%50+%10+%15) %75

Kendisi %50

Eşi %10

Çocukları (%7,5 x 2) %15

1) Asgari Geçim İndirimi Esas Tutarı (12.852,00 x %75) 9.638,00
2) Asgari Geçim İndirimi Esas Tutarı (9.638,00 x %15) 1.445,70

(GVK 103'üncü madde birinci vergi dilimi %15)

1) Aylık Asgari Geçim İndirimi Tutarı (1.445,70/12) 120,47

Ücret Bordrosunun hazırlanmasında yapılan işlemler; (www.sgk.gov.tr /wps/portal/tr/sigortalilik/isveren/isveren_prim_oranlari E.T. 13/12/2014)

Tablo 3.3: Ücret bordrosu hesaplaması.

Hesaplanacak Ücret Tutarı	1.071,00
SGK Prim İşçi Payı (1.071,00 x %14)	149,94
SGK İşsizlik İşçi Payı (1.071,00 x %1)	10,71
Toplam SGK Primi (149,94+10,71)	160,65
Sakatlık İndirimi	0,00
Vergi Matrahı (1.071,00 – 160,65)	910,35
Gelir Vergisi Kesintisi (910,35 x %15)	136,55
Damga Vergisi Kesintisi (1.071,00 x Binde 7,59)	8,13
NET İŞÇİYE ÖDENECEK TUTAR [1.071,00 – (149,94+10,71+136,55+8,13)]	765,67
Asgari Geçim İndirimi*	120,47
TOPLAM İŞÇİYE ÖDENECEK +(AGİ)	886,14
SGK Prim İşveren Payı** (1.071,00 x %20.5)	219,56
SGK İşsizlik İşveren Payı (1.071,00 x %2)	21,42
TOPLAM İŞÇİ MALİYETİ (886,14+401,63+24,21	1.311,98
SGK'ye Ödenecek Tutar (149,94+10,71+219,56+21,42)	401,63
Muhtasar Ödenecek Tutar [136,55 – (120,47+8,13)]	24,21

* Örnek AGİ hesaplaması sonucu
** 5510 sayılı Kanunun 81'inci maddesinin 1'nci fıkrasının (ı) bendinde yer alan, 5 puanlık prim indirimi dikkate alınmamıştır.

Hazırlanan bordrodan ücretlinin ödemesi gereken gelir vergisi 136,55 TL hesaplanmışken ödediği vergi Asgari Geçim İndirimi uygulaması sonucu Damga vergisi ile birlikte toplam 24,21 TL'dir. Asgari geçim indirimi ile teşvik amaçlı diğer indirim ve istisnaların birlikte uygulanması durumunda öncelikli olarak ücrete asgari geçim indiriminin uygulanacağı Gelir vergisi Kanununun 32'nci maddesinin dördüncü fıkrasında düzenlenmiştir.

6446 sayılı EPK kanunun geçici 3'üncü maddesi hükmünün uygulanmasına ilişkin durumun oluşmasın da KVK Kanunun 20'nci maddesinde vergilendirmeye ilişkin şartlar düzenlenmişken devir işlemi GV Kanunun 81'nci maddesi Vergilendirilmeyecek Değer Artış Kazançları başlığı altında;

Kazancı bilanço esasına göre tespit edilen ferdi bir işletmenin bilançosunun bir sermaye şirketine aktif ve pasifiyle bütün halinde devrolunması, devir alan şirketin bilançosuna aynen geçirilmesi ve devredilen ferdi işletmenin sahip veya sahiplerinin şirketten, devir bilançosuna göre hesaplanan öz sermayesi tutarında ortaklık payı alması (Bu ortaklık payını temsil eden hisse senetlerinin nama yazılı olması şarttır.).vergilendirilmeyeceği hüküm altına alınmıştır.

Gelir vergisine tabi yenilenebilir enerji yatırımcısının elde ettiği kazanç Gelir Vergisi Kanunu hükümleri kapsamında vergilendirilir. Gerçek kişinin yükümlükleri arasında VUK 8'inci madde hükmü gereği işveren sıfatı ile istihdam ettiği ücretlilerden, Gelir Vergisi Kanunu 61'nci maddede yazılı olup ücret sayılan ödemelerden (istisnadan faydalananlar hariç) ve tevkif suretiyle vergilendirmeye esas işlemlerin gerçekleşmesi hallerinde, mükellef hesabına, aynı kanunun 94'üncü maddesine istinaden, gelir vergisi kesintisi yaparak vergi sorumlusu sıfatıyla Muhtasar beyanname de bildirmekle yükümlüdür.

Gelir vergisi stopajı teşviki, 6322 sayılı Kanunun 12'nci maddesi ile GV Kanununa geçici 80inci madde olarak eklenmiştir. Uygulamaya yönelik hususlara 283 no'lu Gelir Vergisi Genel Tebliğinde yer verilmiştir. Bu düzenleme ile;

Bakanlar Kurulunca istatistiki bölge birimleri sınıflandırması, kişi başına düşen milli gelir veya sosyoekonomik gelişmişlik düzeyleri dikkate alınmak suretiyle belirlenecek illerde yapılacak yatırımlar için, Ekonomi Bakanlığı tarafından düzenlenen yatırım teşvik belgeleri kapsamında 31/12/2023 tarihine kadar gerçekleşen yatırımlarda teşvik belgelerinde öngörülen ve fiilen istihdam edilen işçilerin asgari ücretin brüt tutarına tekabül eden ücretleri üzerinden hesaplanan gelir vergisinin, yatırımın kısmen veya tamamen işletilmesine başlanılan tarihten itibaren 10 yıl süreyle verilecek muhtasar beyanname üzerinden tahakkuk edecek vergiden terkin edilmesi imkânı sağlanmaktadır (www.gib.gov.tr/index.php?id=1028 (E.T.20/12/2014).

Gelir Vergisi Kanunun Geçici 80'inci madde kapsamında gelir vergisi stopajı teşvikinden;

1) Ekonomi Bakanlığı tarafından düzenlenen yatırım teşvik belgesine sahip olan,
2) 6'ncı bölge için düzenlenen teşvik belgeleri kapsamında gerçekleştirilecek yatırımlarla sağlanan ilave istihdam için yararlanılacaktır.

3) Ücret ödemeleri üzerinden gelir vergisi stopajı yaparak muhtasar beyanname vermek zorunda olan,

4) 2012/3305 sayılı Bakanlar Kurulu Kararıyla yürürlüğe konulan Yatırımlarda Devlet Yardımları Hakkında Kararda aranılan şartları topluca taşıyan mükellefler yararlanabilecektir.

Gelir vergisi stopajı teşviki, yatırımların kısmen veya tamamen işletilmesine başlanılmasında fiilen çalıştırılan işçilerin ücretleri üzerinden hesaplanacak gelir vergisi stopajı açısından geçerlidir. Bu işyerlerine ilişkin bordrolarda gösterilmiş olsalar dahi fiilen bu işyerlerinde çalışmayan işçiler açısından teşvikten yararlanmak mümkün değildir.

Ekonomi Bakanlığı tarafından düzenlenen yatırım teşvik belgeleri kapsamında; Gelir Vergisi Kanunun Geçici 80'inci maddenin yürürlüğe girdiği 1/7/2012 tarihinden itibaren 31/12/2023 tarihine kadar gerçekleşen yatırımlarda, yatırımın kısmen veya tamamen işletilmesine başlanılan tarihten itibaren 10 yıl süreyle yararlanılması mümkündür. Dolayısıyla, 31/12/2023 tarihinde kısmen veya tamamen işletilmesine başlanılan bir yatırım için gelir vergisi stopajı teşviki en son, 31/12/2033 tarihine kadar uygulanacaktır.

Örnek 6'ncı bölgede Ekonomi Bakanlığınca onaylanmış teşvik belgesi kapsamında gerçekleştirilen ve 200 kişi istihdam edilen yatırımın işletilmesine 2014 yılında başlanılmıştır. Fiilen istihdam edilen 200 işçinin ücretleri üzerinden hesaplanan gelir vergisi stopajı tutarı 35.000 TL olup asgari geçim indirimi bordrosunda bu işçiler için hesaplanan asgari geçim indirimi tutarı ise 15.000 TL'dir.

Bu verilere göre, (A) Ltd. Şti.'nin 200 işçi için yararlanacağı terkin tutarı şöyle hesaplanacaktır:

1) Ücretler üzerinden hesaplanan gelir vergisi 35.000 TL
2) Asgari ücret üzerinden hesaplanan gelir vergisi (200 x 136,55*) 27.310 TL
3) Hesaplanan asgari geçim indirimi 15.000 TL
4) Geçici 80'inci madde kapsamında terkin edilebilecek tutar (27.310-15.000) 12.310 TL
5) Vergi dairesine ödenecek tutar [35.000-(15.000+12.310)] 7.690 TL

*1/1/2014 tarihinden itibaren geçerli olan asgari ücret üzerinden hesaplanan gelir vergisi esas alınmıştır.

Teşvik kapsamında, asgari ücret üzerinden hesaplanan vergi tutarından, asgari geçim indirimi tutarının mahsubu sonucu kalan tutar, Gelir Vergisi Kanunun Geçici 80'inci maddesi uyarınca terkin edilecek tutar olacaktır. 12.310,00 TL tahsilinden vazgeçilmiştir.

Ücretler üzerinden tevkif edilen vergi tutarından, asgari geçim indirimi ile Gelir Vergisi Kanunun Geçici 80'inci madde uyarınca terkin edilecek tutarın toplamının düşülmesinden sonra kalan tutar vergi dairesine ödenecektir.

3.1.3 Katma Değer Vergisi

3065 Sayılı Katma Değer Vergisi Kanunu 1'nci madde 1 ve 2 numaralı fıkrada "Türkiye'de yapılan ticarî, sınaî, ziraî faaliyet ve serbest meslek faaliyeti çerçevesinde yapılan teslim ve hizmetler, her türlü mal ve hizmet ithalatı katma değer vergisine tabidir.'' hükümleri yer almaktadır.

5346 sayılı YEK Kanunun 6/B maddesi kapsamında yenilenebilir enerji kaynaklarından elektrik enerjisi üreten lisanslı ve lisanssız üreticilerin tesislerde yerli aksam kullanmaları durumunda II sayılı Cetvelde yer alan teşvik fiyatlardan yararlanacağı düzenlenmiştir.

KDV Kanunun 13'üncü maddesinin (d) bendinde Yatırım Teşvik Belgesi sahibi mükelleflere belge kapsamındaki makine ve teçhizat teslimlerinin vergiden istisna olduğu hükme bağlanmıştır. Yenilenebilir Enerji Kaynaklarından Elektrik Enerjisi Üreten Tesislerde Kullanılan Aksamın Yurt İçinde İmal edilmesi durumunda ayrıca 5346 sayılı YEK Kanunun 6/B maddesi kapsamında II sayılı Cetvelde yer alan teşvik fiyatlardan yararlanacağı düzenlenmiştir.

Yatırım teşvik kapsamında uygulanan KDV istisnası, amortismana tabi iktisadi kıymet niteliği taşıyan ve mal ve hizmet üretiminde kullanılan makine ve teçhizatı ifade etmektedir.

Teşvik belgesi sahibi mükelleflere belge kapsamında istisna uygulanabilmesi için makine ve teçhizatın yatırım teşvik belgesi eki listede yer alması, makine-teçhizat niteliğinde olması, makine-teçhizatın kullanıldığı faaliyetlerin tamamen veya kısmen indirim hakkı tanınan işlemlerden oluşması gerekmektedir.

6446 sayılı Kanunun Geçici 3'üncü maddesinin 1'inci fıkrası ile 31/12/2023 tarihine kadar özelleştirme kapsamında yapılan devir, birleşme, bölünme, kısmi bölünme işlemlerine ilişkin istisna KV kanunu 19 ve 20'nci, GV Kanunu 8'inci maddesinde düzenlenmiş, 2'nci fıkrasında bu kapsamda yapılacak teslim ve hizmetlerin Katma değer vergisinden istisna olduğuna dair hükme KDV Kanunun 17/4-c maddesinde yer verilmiştir. Söz konusu teslim ve hizmet ifalarıyla ilgili olarak yüklenilen vergiler, vergiye tabi işlemler nedeniyle hesaplanan katma değer vergisinden indirilir. İndirim yoluyla giderilemeyen katma değer vergisi iade edilmez.

2012/3305 sayılı BKK'nin 10'uncu maddesinin 1'nci bendinde KDV istisnasına ilişkin;

> Katma Değer Vergisi Kanunu gereğince, teşvik belgesini haiz yatırımcılara teşvik belgesi kapsamında yapılacak makine ve teçhizat ithal ve yerli teslimleri KDV'den istisna edilebilir. Aynı hüküm, teşvik belgesinin veya teşvik belgesi kapsamı makine ve teçhizatın devir işlemleri ile makine ve teçhizat listelerinde set, ünite, takım vb. olarak belirtilen malların kısmi teslimlerinde de uygulanır.

2'nci bendinde ise KDV iadesinden yararlanacak yatırımların Sabit yatırım tutarı beş yüz milyon Türk Lirasının üzerindeki stratejik yatırımlar kapsamında yapılacak bina-inşaat harcamaları olduğu düzenlenmiştir.

KDV Kanununu geçici 30'uncu maddesi kapsamında KDV iadesi, 31/12/2023 tarihine kadar uygulanmak üzere, yatırım teşvik belgeli asgari 500 milyon TL tutarında sabit yatırım öngörülen stratejik yatırımlar kapsamındaki inşaat taahhüt işi, nakliye, hafriyat ve benzeri inşa işlerine ilişkindir. Yatırımı yapanların söz konusu inşaat işlerinde kullanılan mal alımları da bu kapsamda değerlendirilir. Dolayısıyla söz konusu istisna inşaat işlerine ilişkin olmak koşuluyla hem hizmet hem de mal alımlarını kapsamaktadır. Bu istisna, verginin önce uygulanıp sonra iade edilmesi şeklinde düzenlenmiş olup, istisna kapsamında değerlendirilen mal ve hizmet alımlarında genel hükümler çerçevesinde KDV uygulanır. Dolayısıyla yatırımı yapana teslim veya hizmet yapanların KDV istisnası uygulamaları mümkün değildir. Yatırımı yapan belge sahibi mükellefler tarafından inşaat işlerine ilişkin bu şekilde yüklenilen vergiler, ilgili dönemde indirim konusu yapılır. Söz konusu mükelleflerin bu şekilde yüklenip indirim hesaplarına dâhil ettikleri vergilerin öncelikle indirim yoluyla telafi edilmesi gerekmektedir. İlgili takvim yılı sonuna kadar indirim yoluyla telafi edilemeyen KDV ise izleyen yıl talep edilmesi kaydıyla iade konusu yapılır.

Yatırım teşvik belgeli asgari 500 milyon TL tutarında sabit yatırım öngörülen stratejik yatırımlar kapsamındaki inşaat taahhüt işi, nakliye, hafriyat ve benzeri inşa işlerine tanınan KDV iadesi işleminin diğer yatırımlar için de uygulanacağı yönünde herhangi bir düzenlemeye rastlanılmamıştır. Genel, bölgesel, büyük ölçekli ve stratejik yatırımlarda Yatırım teşvik belgesi kapsamında amortismana tabi iktisadi kıymet niteliği taşıyan ve mal ve hizmet üretiminde kullanılan makine ve teçhizatın temininde kanunda belirtilen şartları sağlaması durumunda sadece KDV istisnası uygulanmaktadır.

3.1.4 Damga Vergisi

488 sayılı Damga Vergisi Kanununun 1'nci maddesinde, bu Kanuna ekli (1) sayılı tabloda yazılı kâğıtların damga vergisine tabi olduğu; 3'üncü maddesinde, damga vergisinin mükellefinin kâğıtları imza edenler olduğu, resmi dairelerle kişiler arasındaki işlemlere ait kâğıtların damga vergisini kişilerin ödeyeceği hüküm altına alınmıştır.

Damga vergisi kanununa ekli (2) sayılı tabloda yazılı kâğıtlar Damga Vergisinden istisnadır. Tablonun "IV Ticari ve Medeni İşlerle ilgili Kâğıtlar" başlıklı 23. Fıkrasında; Bankalar, yurt dışı kredi kuruluşları ve uluslararası kurumlarca kullandırılacak kredilere, bunların teminatlarına ve geri ödenmelerine ilişkin kâğıtlar ile bu kâğıtlar üzerine konulacak şerhler (kredilerin kullanımları hariç) damga vergisinden istisna olduğu, belirtilmiştir (www.gib.gov.tr/ fileadmin/mevzuatek/eski/damgavertum2tarife.html E.T.26/11/2014).

Yatırımlara ilişkin düzenlenen kâğıtlar damga vergisine tabidir. Enerji yatırımları yüksek maliyetli ve uzun sürelerde tamamlanabilen yatırım niteliğinde olduğundan, tesisin işletmeye girene kadar damga vergisi yükünün teşvik uygulamaları kapsamında giderilmesine ilişkin olarak damga vergisi istisnasına yer verilmiştir.

Enerji mevzuatında Damga Vergisi istisnasına ilişki düzenlemeler 6446 sayılı EPK Kanununda hüküm altına alınmıştır. Kanunun 11'inci maddesinin 11'inci fıkrasında;

> Bu Kanun kapsamında organize toptan elektrik piyasalarında yapılan işlemlere ilişkin düzenlenen kâğıtlar damga vergisinden müstesnadır. 25'inci maddesinde DSİ tarafından, 26/6/2003 tarihinden itibaren yapılan ve ortak tesis yatırım bedeli geri ödemesi ihtiva etmeyen su kullanım hakkı ve işletme esaslarına ilişkin anlaşmalar ile ilgili olarak düzenlenen kâğıtlar damga vergisinden ve yapılan işlemler harçtan müstesnadır. Geçici 4'üncü maddesinin 1'nci fıkrası kapsamında Kısa dönemde gerekli arz kapasitesinin yeterli bir yedekle oluşturulması amacıyla, 31/12/2015 tarihine kadar ilk defa işletmeye girecek üretim lisansı sahibi tüzel kişilere, teşvik sağlanacağı,

b) bendinde bu teşvikin Üretim tesislerinin yatırım döneminde, üretim tesisleriyle ilgili yapılan işlemler harçtan ve düzenlenen kâğıtlar damga vergisinden istisna tutulacağı yönündedir.

Geçici 4/1-b kapsamındaki damga vergisi istisnası, lisansı sahibi tüzel kişilere sağlanan bir teşviktir. İstisnanın Lisanssız üretime ilişkin kullanılabileceğine dair herhangi bir hüküm bulunmamaktadır.

Yenilenebilir enerji kaynaklarından elektrik üretimi sağlanması amacıyla yatırımlar, komple yeni veya kurulu olan bir tesis için tevsi, modernizasyon şeklinde gerçekleştirilebilir. Yatırımların gerçekleştirilmesi için yenilenebilir enerji yatırımcısı bir veya birden fazla yüklenici ile sözleşme düzenleyebilir. Yol açma, inşaat alanı ve temel hazırlama, kaynak çeşidine göre (türbin, güneş panelleri, hidroelektrik gibi) kurulum, teknik donanım, makine- teçhizat, malzeme temini ve montaj işlerinin yapımı başta olmak üzere uzmanlık gerektiren işlerin faaliyet türleri farklıdır. Bu nedenle tesis temel bileşenleri için yüklenici ve alt yüklenicilere ihtiyaç duyulacaktır.

488 sayılı Damga Vergisi Kanununun 1 inci maddesinde, bu Kanuna ekli (1) sayılı tabloda yazılı kağıtların damga vergisine tabi olduğu, bu Kanundaki kağıtlar teriminin, yazılıp imzalanmak veya imza yerine geçen bir işaret konmak

suretiyle düzenlenen ve herhangi bir hususu ispat veya belli etmek için ibraz edilebilecek olan belgeler ile elektronik imza kullanılmak suretiyle manyetik ortamda ve elektronik veri şeklinde oluşturulan belgeleri ifade ettiği; 3 üncü maddesinde, damga vergisinin mükellefinin kağıtları imza edenler olduğu; 4 üncü maddesinde, bir kağıdın tabi olacağı verginin tayini için o kağıdın mahiyetine bakılacağı ve buna göre tabloda yazılı vergisinin bulunacağı, kağıtların mahiyetlerinin tayininde, şekli kanunlarda belirtilmiş olanlarda kanunlardaki adlarına, belirtilmemiş olanlarda üzerlerindeki yazının tazammun ettiği hüküm ve manaya bakılacağı hükme bağlanmıştır.

Sözleşmeler üzerinden tahsil edilen damga vergisi ile ilgili özellik gösteren hususlar;

1) 30 Seri No'lu Damga Vergisi Kanunu Genel Tebliği 5'inci fıkrasında katma değer vergisinin, üstlenilen işin ya da verilen hizmetin bir bedeli olmadığı belirtilerek, katma değer vergisinin damga vergisi matrahına dahil edilmesi halinde, verginin vergilendirilmesi gibi bir uygulama sonucu doğacağı gerekçesiyle, katma değer vergisinin nispi damga vergisinin hesaplanmasında dikkate alınmaması gerektiğine hükmedilmiştir.
2) Elektrik enerjisi üretim tesisi kurulması, kapasitenin arttırılması kaynak çeşidine göre yurtdışından makine ve ekipman, satın alınması için düzenlenen sözleşmelerin; Türkiye'de resmi dairelere ibraz edilmesi, Türkiye'de üzerlerine devir veya ciro yürütülmesi veya hükümlerinden Türkiye'de faydalanılması durumunda damga vergisi tahsil edilmektedir. Bu konuda Danıştay 7. Dairesi (20.12.2000 E: 1999/294);

Damga vergisinin konusunu oluşturan her kağıt, taraflara haklar yaratan ya da borç ve yükümlülükler getiren, böylelikle akit tarafların hukuki durumunu belli eden veya ispat imkanı sağlayan belgedir. Kağıdın hükmünden yararlanma da; onun herhangi bir hukuki, ticari ya da benzer bir amaca bağlı olarak kullanılması sözleşmeyle öngörülen hak ve yükümlülüklere işlerlik kazandırılması olarak tanımlanabilir. Yurtdışında düzenlenen kağıda Türkiye'de işlerlik kazandırılması sonucu vergiyi doğuran olay gerçekleşmiş olmaktadır. Kararı vermiştir.

3) Uluslararası mevzuat ve ÇVÖA kapsamında ki düzenlemelerin amacı ülkelerin karşılıklı olmak kaydıyla gelirlerinin mükerrer vergilendirilmesini önlemektir. Damga Vergisin de vergiyi doğuran olay, taraflar arasında düzenlenen kağıtlara herhangi bir hususu ispat veya belli etmek için ibraz edilebilecek nitelik kazandırılmasıdır. Bu nedenle yurtdışında imzalanan sözleşmelerin damga vergisine tabi olması için bu kağıtlara Türkiye de işlerlik kazandırılması ve hükümlerinden faydalanılması gerekmektedir.
4) Sözleşmelerin yabancı para cinsinden düzenlenmesi halinde; kağıt üzerinde yer alan dövizin, kağıdın düzenlendiği tarihteki TC Merkez Bankasınca tespit ve ilan olunan cari döviz satış kuruna göre bulunacak TL karşılığı üzerinden Damga Vergisi hesaplanacağı 52 Sıra No'lu Damga Vergisi Genel Tebliğinde düzenlenmiştir.
5) Yurt dışına mal ihracatında ise Damga vergisi Kanunu Ek 2' inci madde de döviz kazandırıcı faaliyetlere ilişkin işlemlerle ilgili olarak düzenlenen kâğıtların damga vergisinden istisna olduğu ayrıca Damga Vergisi ve Harç İstisnası Uygulaması Hakkında 1 Seri No'lu Tebliğin 3.1.3. fıkrası uyarınca ihracat bağlantıları için düzenlenecek antlaşmalarla ilgili düzenlenecek kağıtlar, ihracata ilişkin olduklarının tevsiki kaydıyla Damga Vergisinden istisnadır. Buna göre, ihracatçı firma ile ürünün alıcısı firma arasında düzenlenecek mal ihracına ilişkin sözleşmeye tevsiki kaydıyla istisna uygulanması mümkündür.

Damga vergisi hesaplanmasına ilişkin örnek;

RES tesisi kurmak isteyen (A) yenilenebilir enerji yatırımcısı ile (B) yüklenici firma arasında ..../ÇANAKKALE adresinde yapılacak tesis inşaatı yapım işi sözleşmesi;

a) Tesis alanı hafriyatı (alanın atıklardan temizlenmesi, inşaat temelinin hazırlanması)
b) Yol açma ve asfaltlama (Hafriyat atıklarından arındırma, taşıma işlemlerinin kolaylaştırılması ve iletişim bağlantıları gibi)
c) Kuleler için betonarme temel
d) Türbin ekipmanlarının taşınması işlerinin ifa'sı amacıyla düzenlenmiştir.

Sözleşme konusu işlerin 95 gün de 1.650.000,00 TL + KDV karşılığında tamamlanacağı, hak ve yükümlülükleri, taraflarca verilecek teminatları ve sözleşme şartlarının yerine getirilmemesi durumunda oluşacak zararın tazmini, hukuksal ihtilafların cezai hükümleri ve Damga Vergisi yükümlülüğünün (B) yüklenici firmaya ait olduğu belirlenmiştir. Sözleşme 20/06/2014 tarihinde 2(iki) nüsha olarak taraflarca imzalanmıştır.

1.650.000,00 TL x Binde 9,48* x 2** = 31.284,00 TL Damga Vergisi ödenecektir.

* 2014 yılı DVK (1) Sayılı Tablo I. Akitlerle ilgili kağıtlar A. Belli parayı ihtiva eden kağıtlar: 1. Mukavelenameler, Taahhütnameler ve Temliknameler oran (Binde 9,48)

** Sözleşme nüsha sayısı

Örnek, Damga Vergisinin hesaplanmasına yönelik olup, sözleşme bedeli, yenilenebilir enerji yatırımının sadece hafriyat ve bir kısım inşaat yapım işi olarak değerlendirilmiştir.

3.1.5 Verginin Beyanı

3.1.5.1 Kurumlar vergisi beyan ve ödeme

Kurumlar vergisi, mükellefin veya vergi sorumlusunun beyanı üzerine tarh olunur. Beyanname, ilgili bulunduğu hesap döneminin sonuçlarını içerir. Kurumlar vergisinde vergilendirme dönemi, hesap dönemidir. Kendilerine özel hesap dönemi tayin edilenlerin vergilendirme dönemi ise özel hesap dönemleridir. Kurumlar vergisi, kurum kazancı üzerinden %20 oranında alınır. Kurumlar vergisi beyannamesi, hesap döneminin kapandığı ayı izleyen dördüncü ayın birinci gününden yirmi beşinci günü akşamına kadar mükellefin bağlı olduğu vergi dairesine verilir.

Kurumlar vergisi, beyannamenin verildiği ayın sonuna kadar ödenir.

3.1.5.2 Gelir vergisi beyan ve ödeme

Gelir vergisi, mükellefin veya vergi sorumlusunun beyanı üzerine tarh olunur. Gelir vergisinde vergilendirme dönemi, bir takvim yılıdır. Gelir vergisinde sabit bir oran bulunmamakla birlikte artan oranlı olup GVK 103'üncü maddesinde belirlenen tutar ve oranlar üzerinden hesaplanır. Bir takvim yılına ait beyanname izleyen yılın Mart ayının birinci gününden yirmi beşinci günü akşamına kadar mükellefin bağlı olduğu vergi dairesine verilir. Mart ve Temmuz aylarında olmak üzere iki eşit taksitte ödenir.

3.1.5.2.1 Muhtasar beyanname

GV Kanunun 94'üncü maddesinde vergi tefkifatına ilişkin düzenlemeler yer almaktadır:

> Kamu idare ve müesseseleri, iktisadî kamu müesseseleri, sair kurumlar, ticaret şirketleri, iş ortaklıkları, dernekler, vakıflar, dernek ve vakıfların iktisadî işletmeleri, kooperatifler, yatırım fonu yönetenler, gerçek gelirlerini beyan etmeye mecbur olan ticaret ve serbest meslek erbabı, zirai kazançlarını bilanço veya ziraî işletme hesabı esasına göre tespit eden çiftçiler maddenin müteakip bentlerinde sayılan ödemeleri (avans olarak ödenenler dâhil) nakden veya hesaben yaptıkları sırada, istihkak sahiplerinin gelir vergilerine mahsuben tevkifat yapmaya mecburdurlar. Tevkifata tabi ödemeler üzerinden uygulanacak oranlar gelirin unsuruna göre farklılık göstermekle birlikte 94'üncü madde de ilgili bentlerde belirtilmiştir.

GVK 94'üncü maddesinin 1'inci bendinde belirtilen ücret kesintilerine ilişkin olarak Gelir Vergisi Kanunu 61'inci maddede yazılı olup ücret sayılan ödemelerden (istisnadan faydalananlar hariç), aynı kanunun 94'üncü maddesine istinaden, 103 ve 104'üncü maddelerde belirtilen oranlarda gelir vergisi kesintisi yaparak vergi sorumlusu sıfatıyla muhtasar beyanname ile beyan etmekle yükümlüdürler.

94'üncü madde gereğince vergi tevkifatı yapmaya mecbur olanlar bir ay içinde yaptıkları ödemeler veya tahakkuk ettirdikleri Karlar ve iratlar ile bunlardan tevkif ettikleri vergileri, Muhtasar beyanname ile ertesi ayın yirmi üçüncü günü akşamına kadar vergi dairesine bildirmeye ve yirmi altıncı günü akşamına kadar ödemeye mecburdurlar. Muhtasar beyanname konusunda Gelir Vergisi Kanununda belirlenen usûl ve esaslar uygulanır.

3.1.5.2.2 Geçici beyanname

Kurumlar vergisi mükelleflerince, câri vergilendirme döneminin kurumlar vergisine mahsup edilmek üzere Gelir Vergisi Kanununda belirtilen esaslara göre ve câri dönemin kurumlar vergisi oranında (%20) geçici vergi ödenecektir (www.gib.gov.tr/fileadmin/user_upload/Tebligler/5520/32.html E.T.20/11/2014).

Gelir vergisi mükelleflerince cari vergilendirme döneminin gelir vergisine mahsup edilmek üzere, GV Kanunun ticari kazancın tespitine ilişkin hükümlerine göre belirlenen ilgili hesap döneminin altışar aylık (2000/1514 sayılı BKK ile üçer aylık verilmektedir) kazançları üzerinden 103'üncü maddede yer alan tarifenin ilk gelir dilimine uygulanan oranda (%15) geçici vergi öderler.

Gelir Vergisi Kanununda belirtilen usul ve esaslara göre geçici vergi beyanı üç aylık dönemi izleyen ikinci ayın on dördüncü, ödeme süresini ise on yedinci günü akşamı olarak belirlenmiştir. Bir önceki takvim yılında üçer aylık dönemler halinde tahakkuk ettirilerek tahsil edilen geçici vergi, yıllık beyanname üzerinden hesaplanan gelir vergisinden mahsup edilir. Mahsup edilemeyen tutar, mükellefin diğer vergi borçlarına mahsup edilir. Bu mahsuplara rağmen kalan geçici vergi tutarı, o yılın sonuna kadar yazılı olarak talep edilmesi halinde mükellefe ret ve iade edilir.

3.1.5.3 Katma değer vergisi beyan ve ödeme

Katma Değer Vergisi, bu vergiyle mükellef gerçek veya tüzelkişiler adına mükellefin, ayrı ayrı vergi dairelerinin faaliyet bölgelerinde iş yerleri varsa, Katma Değer Vergisi, *Gelir veya Kurumlar Vergisi* yönünden bağlı olduğu vergi dairesi tarafından tarh olunur. Mükellefler ve vergi kesintisi yapmakla sorumlu tutulanlar Katma Değer Vergisi beyannamelerini, vergilendirme dönemini takip eden ayın yirmi dördüncü günü akşamına kadar ilgili vergi dairesine vermekle yükümlüdürler. Beyanname verecekleri ayın yirmi altıncı günü akşamına kadar ödemeye mecburdurlar.

Katma değer vergisi oranı, vergiye tabi her bir işlem için %10'dur. Bakanlar Kurulu bu oranı, dört katına kadar artırmaya, %1'e kadar indirmeye, bu oranlar dâhilinde muhtelif mal ve hizmetler ile bazı malların perakende safhası ve inşaatın yapıldığı arsanın veya konutun vergi değeri ve bulunduğu yeri esas alarak konut teslimleri için farklı vergi oranları tespit etmeye yetkilidir.

Güncel KDV oranları; I ve II sayılı listelerde yer alanlar hariç, vergiye tabi işlemler için %18 (I) sayılı listede yer alan teslim ve hizmetler için %1, (II) sayılı listede yer alan teslim ve hizmetler için %8 oranında katma değer vergisi alınmaktadır. Gümrük Vergisinin maktuen alındığı hallerde, tek ve maktu tarife, ithalde alınacak Katma Değer Vergisi de dâhil edilmek suretiyle tespit olunmaktadır (www.gib.gov.tr/index.php?id=830 E.T.20/11/2014).

3.1.5.4 Damga vergisi beyan ve ödeme

Damga Vergisinin mükellefi kâğıtları imza edenlerdir. Damga Vergisi nispi veya maktu olarak alınır.

Nispi vergide, kâğıtların nevi ve mahiyetlerine göre, bu kâğıtlarda yazılı belli para, maktu vergide kâğıtların mahiyetleri esastır. Belli para terimi, kâğıtların ihtiva ettiği veya bunlarda yazılı rakamların hasıl edeceği parayı ifade eder.

Damga Vergisi makbuz karşılığı, istihkaktan kesinti yapılması veya basılı damga konulması şekillerinden biriyle ödenir.

Resmi dairelerle kişiler arasındaki işlemlere ait kâğıtların Damga Vergisini kişiler öder.

Damga vergisi kanununa ekli I sayılı tablonun "I Akitlerle İlgili Kağıtlar" başlıklı bölümünün A/1 fıkrasında belli para ihtiva eden sözleşmelerin 1/1/2014 tarihinden itibaren (Binde 9,48) nispetinde Damga vergisine tabi olduğu, her bir kâğıt için hesaplanacak vergi tutarı (1) sayılı tabloda yer alan sınırlamalar saklı kalmak üzere 1/1/2014 tarihinden itibaren 1.545.852,40 TL aşamayacağı hüküm altına alınmıştır.

Makbuz Karşılığı Ödemelerde Damga Vergisi:

a) Maliye Bakanlığınca belirlenen mükellefler, kurum ve kuruluşlar tarafından bir ay içinde düzenlenen kâğıtların vergisi, ertesi ayın yirmi üçüncü günü akşamına kadar vergi dairesine bir beyanname ile bildirilir ve yirmi altıncı günü akşamına kadar ödenir.

b) (a) bendi dışındaki hallerde, kâğıdın düzenlendiği tarihi izleyen on beş gün içinde vergi dairesine bir beyanname ile bildirilir ve aynı süre içinde ödenir.

3.2 Gümrük Mevzuatı

4458 sayılı Gümrük Kanununun 1'inci maddesinde "Bu Kanunun amacı, Türkiye Cumhuriyeti Gümrük Bölgesine giren ve çıkan eşyaya ve taşıt araçlarına uygulanacak gümrük kurallarını belirlemektir.'' Kanunun 4'üncü maddesinde ise "Gümrük idareleriyle muhatap olan kişiler[3] bu Kanun ve bu Kanuna dayanılarak çıkarılan tüzük, kararname ve yönetmelik hükümlerine uymak; gümrük idarelerinin gerek bu Kanunda gerek diğer kanun, tüzük ve kararnamelerde yazılı hükümlere göre yapacağı gözetim ve kontrollere tabi olmak; bu idarelerin kendi adına veya başka idareler nam veya hesabına tahsil edeceği her tür vergi, resim, harç ve ücretleri ödemek veya bunları teminata bağlamak; kanun, tüzük, kararname ve yönetmelik hükümlerinin uymayı zorunlu kıldığı her tür işlemleri yerine getirmekle sorumludurlar.'' hükmü yer almaktadır (www.gtb.gov.tr/mevzuat/MevzuatDetay. aspx?mi=4000843 E.T.20/11/2014).

Gümrük Vergisi, İthalat Rejim Kararı eki listelerde yer alan ve eşyanın ilgili gümrük tarife istatistik pozisyonu (GTİP) karşılığında belirtilen ve ticaret yapılan ülke, ülke grupları ve/veya menşe ülkeye göre farklılık gösterebilen ve eşyanın CIF[4] kıymeti üzerinden hesaplanan vergidir. Gümrük vergileri, gümrük yükümlülüğünün başladığı tarihte yürürlükte olan gümrük tarifesine göre hesaplanır. İthalat vergilerine tabi eşyanın serbest dolaşıma girişi ve İthalat vergilerine tabi eşyanın ithalat vergilerinden kısmi muafiyet suretiyle geçici ithali, için verilecek gümrük beyannamesinin tescil tarihinde gümrük yükümlülüğü başlar. Gümrük vergisinin yükümlüye tebliğ edildiği tarihten itibaren on beş gün içinde ödenmesi zorunludur. Ödeme süresinin bitmesinden

---

[3] "Kişi" deyimi, gerçek ve tüzel kişiler ile hukuken tüzel kişilik statüsüne sahip olmamakla birlikte yürürlükteki mevzuat uyarınca hukuki tasarruflar yapma yetkisi tanınan kişiler ortaklığını;

[4] "CIF'' mal bedeli, sigorta ve navlun anlamındadır.

önce ilgilinin yazılı istemde bulunması ve teminat alınması şartıyla ödeme süresi otuz gün daha uzatılabilir.

2012/3305 sayılı BKK'nin 9'uncu maddesinde, Teşvik Belgesi kapsamında gerçekleştirilen yatırımlara tanınan gümrük muafiyeti usul ve esasları düzenlenmiştir. Kararın EK:4'te belirtilen Teşvik edilmeyecek yatırım konuları ile aranan şartları sağlayamayan yatırım konuları hariç olmak üzere, asgarî sabit yatırım tutarı üzerindeki tüm yatırımlar, Teşvik sisteminde genel, bölgesel, büyük ölçekli ve stratejik yatırım ayrımı yapılmaksızın gümrük vergisi muafiyetinden faydalanır.

Teşvik belgesi kapsamındaki yatırım malı makine ve teçhizatın ithali, otomobil ve hafif ticarî araç yatırımlarında yatırım dönemi içerisinde kalmak kaydıyla monte edilmemiş hâldeki (CKD) aksam ve parçaların ithali, gemi ve elli metrenin üzerindeki yat inşa yatırımlarında tekne kabuğu ithali yürürlükteki İthalat Rejimi Kararı gereğince ödenmesi gereken gümrük vergisinden muaf tutulacağı.

Teşvik belgesi kapsamında otobüs, çekici (Euro normlarına uygun yeşil motoru haiz olanlar hariç), mobilya, motorbot, kamyon (off-road truck tipi karayoluna çıkması mümkün olmayan kaya tipi damperli kamyonlar hariç), transmikser, beton santrali, forklift ve beton pompası ithal edilmesi halinde yürürlükteki İthalat Rejimi Kararında öngörülen oranlarda gümrük vergisi tahsil edilir. Ayrıca, makine ve teçhizat bedelinin yüzde beşine kadar yedek parça, gümrük vergisi muafiyeti sağlanmaksızın ithal edilerek sabit yatırım tutarına dâhil edilebileceği.

Ekonomi Bakanlığı, sektörel kısıtlamaları göz önüne alarak;

a) İthalat Rejimi Kararı uyarınca ithali mümkün olan kullanılmış veya yenileştirilmiş makine ve teçhizat (karayolu nakil vasıtaları hariç) ile İthalat Rejimi Kararının 7'nci maddesi uyarınca ithaline izin verilen makine ve teçhizatın teşvik belgesi kapsamına alınmasını,
b) Kullanılmış komple tesisin proje bazında yapılacak değerlendirme sonucunda ithalini, uygun görebilir.

Finansal kiralama yöntemiyle gerçekleştirilecek yatırımlar için finansal kiralama şirketi adına ayrı bir teşvik belgesi düzenlenmeksizin yatırımcının teşvik belgesi dikkate alınarak ithalat işlemleri yapılır. İthalat işlemleri ile ilgili olarak yatırımcı ile finansal kiralama şirketleri müteselsilen sorumludur.

Teşvik belgesi almak üzere müracaat edilmiş, ancak teşvik belgesine bağlanmamış yatırımlara ilişkin makine ve teçhizatın ithaline, Bakanlığın görüşüne istinaden Gümrük ve Ticaret Bakanlığınca, teşvik belgesi kapsamında muafiyet tanınabilecek ve istisna edilebilecek vergi ve kesintilerin toplam tutarı kadar teminatın alınması suretiyle müsaade edilebilir. Teminatla ithalatta, bir defada verilecek teminat süresi azami altı aydır. Teminat süresi içerisinde teşvik belgesinin düzenlenememiş olması halinde süre uzatımı için Gümrük ve Ticaret Bakanlığına müracaat edilir. Teminatın başlangıç tarihi, eşyanın serbest dolaşıma giriş tarihidir. Yatırımcının, teminatın çözümü için teminat süresi içinde (ek süreler dâhil) teşvik belgesi ve eki ithal makine ve teçhizat listesi ile birlikte Gümrük ve Ticaret Bakanlığına müracaat etmesi gerekir. Aksi takdirde teminat irat kaydedilir.

3.3 Karbon Mevzuatı

Fosil yakıtların kullanımı, niteliksiz arazi kullanımı, ormanlardaki tahribat ve yeşil alanların yeterince oluşturulmaması, sanayileşme faktörü gibi insan etkinlikleriyle atmosfere salınan sera gazı oranı her geçen gün artarak iklim değişikliğine yol açmaya devem etmektedir.

Küresel iklim değişikliğinin gelecek için büyük tehdit olması uluslararası önlemler alınmasını zorunlu kılmıştır. 1992 yılında Brezilya da kabul edilen Birleşmiş Milletler İklim Değişikliği Çerçeve Sözleşmesinde (BMİDÇS) emisyonun azaltılması için teşvik edici uygulamaları kararlaştırılmıştır. BMİDÇS sonrası 1997 yılında Japonya da çerçevesi oluşturulan Kyoto Protokolü 1998'de imzaya açılmıştır. Protokolün yürürlüğe girmesi için en az 55 ülkenin taraf olması ve taraf devletlerin, dünya emisyonunun %55'ini oluşturması şartları, 2005 yılı Şubat ayında Rusya'nın taraf olmasıyla sağlandığından, protokol bu yıl yürürlüğe girebilmiştir. Sözleşmede alınan kararların bağlayıcılığı bulunmazken, Protokol sanayileşmiş ülke taraflarına bağlayıcı sera gazı salım sınırlama ve azaltım yükümlülükleri getirmiştir. Kyoto Protokolü'ne Mayıs 2010 itibariyle 191 ülke ve Avrupa Birliği taraftır.

Protokol, Sözleşme'nin "ortak fakat farklılaştırılmış sorumluluklar ilkesi" uyarınca Taraflar arasında yükümlülükler açısından yaptığı ayrımlaştırmayı izleyerek, gelişmiş ülkelere bağlayıcı salım azaltım yükümlülükleri getirmiş ve onlara daha ağır bir yük vermiştir. Protokol EK-B listesinde yer alan EK-I Tarafları için, salım hedefi olarak da bilinen, sayısallaştırılmış salım sınırlama veya azaltım yükümlülükleri belirlemiştir. Protokolün EK-B listesinde yer alan EK-I Tarafları, 38 sanayileşmiş ülke ve Avrupa Topluluğu'nu içermektedir. Protokol ayrıca, EK-B'de listelenen gelişmiş ülke Taraflarının 2008-2012 yılları arasını kapsayan ilk yükümlülük döneminde toplam sera gazı salımlarını 1990 düzeyinin %5 altına indirmelerini öngören, toplu bir hedef veya tavan koymuştur. EK-I Tarafı ülkelerin bireysel salım hedefleri "tahsis edilmiş miktar" olarak tanımlanmaktadır ve EK-B'de gösterilmektedir. Bu Taraflar salım sınırlama veya azaltım yükümlülüklerini yerine getirmede Protokol kapsamında oluşturulan "esneklik mekanizmaları"ndan da yararlanabilmektedir (iklim.cob.gov.tr/iklim/AnaSayfa/Kyoto.aspx?sflang=tr Erişim Tarihi: 26/12/2014).

Protokolde belirlenen şartların uygulanması ile ilgili olarak EK 1 listesinde yer alan ülkeler gelişmiş, listede yer almayanlar ise gelişmekte olan ülkeler olarak belirlenmiştir. EK 1 taraflarına sayısallaştırılmış salım sınırlama veya azaltım yükümlülükleri getirilmişken, listede yer almayan gelişmekte olan ülkelere bu şartın uygulanmayacağı kararlaştırılmıştır. EK 2 listesi tarafları ise EK 1 listesinde yer alan, gelişmekte olan taraf ülkelere iklim değişikliğiyle mücadelede maddi kaynak sağlamakla yükümlü tutulan sanayileşmiş ülkelerdir.

Kyoto protokolünün yürürlüğe girmesi ile azaltılan sera gazı emisyonlarının sertifikalandırılması ve piyasada alınıp satılması işlemleri Karbon piyasanın oluşmasına zemin hazırlamıştır.

Karbon Piyasaları:

A) Zorunlu Karbon Piyasaları

B) Gönüllü Karbon Piyasaları

(Kyoto Protokolü Esneklik Mekanizmaları)

1. Ortak Uygulama (Joint Implementation - JI)

2. Temiz Kalkınma Mekanizması (Clean Development Mechanism -CDM)

3. Salım Ticareti (Emission Trading–ET)

Kyoto Protokolüne Göre Zorunlu Karbon Piyasaları:

Salım Ticareti (ET) ve Ortak Uygulama (JI) mekanizmaları Ek-I ülkeleri arasında

Temiz Kalkınma (CDM) Mekanizması ise Ek-I ve Ek-I dışı ülkeler arasında yapılabilir.

1. Ortak Uygulama: Protokolün 6'ncı maddesi ile düzenlenen bu mekanizma Ek-I ülkeleri arasında gerekli şartların sağlanması koşuluyla, insan kaynaklı sera gazı salımlarının azaltılmasını veya sera gazlarının yutaklar yoluyla uzaklaştırılmasını amaçlayan projelerden elde edilen 'Salım Azaltma Kredisi" (Emission Reduction Unit-ERU) kazanır ve kazanılan bu krediler toplam hedeften düşülür.

2. Temiz Kalkınma Mekanizması: Protokolün 12.maddesi ile düzenlenen bu mekanizma ile Ek-I Dışı ülkelerin sürdürülebilir kalkınma ilkesi doğrultusunda sera gazı azaltımına katkı sağlamaları amaçlanmaktadır. Ek-I de yer alan tarafların salım azaltım taahhüdünü gerçekleştirmek için Ek-I Dışı ülkelerde yapacakları proje faaliyetleri sonucunda 'Sertifikalandırılmış Salım Azaltım Kredisi" (Certified Emission Reductions-CER) elde edeceklerdir.

3. Salım Ticareti: Kyoto Protokolü'nün 17'nci maddesi ile düzenlenmiş olan bu mekanizma ile Ek-I listesinde yer alan herhangi bir taraf ülke, Ek-B'de belirlenmiş olan salım azaltım miktarının bir bölümünün ticaretini yapabilir. Diğer bir ifadeyle taahhüt edilen salım miktarından daha fazla azaltım yapan taraf ülke, salımındaki bu ilave azaltımı bir başka Ek-I ülkesine satabilir.

Bu esneklik mekanizması ile Ek 1 ülkeleri kendi sera gazı salınımlarını azaltmak yerine Karbon Kredisi alabilirler ve Ek 1'de yer almayan ülkelerin sera gazı sınırlaması olmamasına rağmen sera gazını azaltan bir projeden sağlanan Karbon Kredisinin Ek 1 ülkelerine satabilir ve başka projeler için teşvik edilirler.

Gönüllü Karbon Piyasaları:

Yenilenebilir enerji ve enerji verimliliği programlarının uygulamaya geçirilmesi, çevreci duyarlılığın artması ve ulusal ve bölgesel yükümlülükler için hazırlık yapılması gibi sebeplerle ortaya çıkan gönüllü karbon piyasası, işletmelerin ve kar amacı gütmeyen kuruluşların karbon emisyonlarını gönüllü olarak dengeleyebilmeleri amacıyla oluşturulan bir pazardır. Ulusal yükümlülük kapsamında olmaması nedeniyle hukuki bağlayıcılığı bulunmamakla birlikte, Protokoldeki zorunlu esnek mekanizmalarına benzer niteliktedir. Bu piyasa sera gazı salımlarının gönüllü olarak azaltımını, dengeleyebilmesini kolaylaştırmak amacıyla bireyler, kurum ve kuruluşlar, firmalar, sivil toplum örgütleri tarafından oluşturulmuştur. Karbon ticaretinde salım azaltma sertifikalarını satışını yapan taraflar Proje sahipleri, Toptancılar, Perakendeciler, Komisyonculardır.

Türkiye'de Karbon Piyasası:

Türkiye, bir OECD üyesi olarak, BMİDÇS 1992 yılında kabul edildiğinde gelişmiş ülkeler ile birlikte Sözleşme'nin EK-I ve EK-II listelerine dâhil edilmişti. 2001'de Marakeş'te gerçekleştirilen 7. Taraflar Konferansı'nda (COP7) alınan 26/CP.7 sayılı Kararla Türkiye'nin diğer EK-I Taraflarından farklı konumu tanınarak, adı BMİDÇS'nin EK-II listesinden çıkarılmış fakat EK-I listesinde kalmıştır. Türkiye 24 Mayıs 2004'te 189. taraf olarak BMİDÇS'ne katılmıştır.

Türkiye 5386 Sayılı Birleşmiş Milletler İklim Değişikliği Çerçeve Sözleşmesine Yönelik Kyoto Protokolüne Katılmamızın Uygun Bulunduğuna Dair Kanun'un 05/02/2009'da Türkiye Büyük Millet Meclisi'nce kabulü ve 13 Mayıs 2009 tarih ve 2009/14979 Sayılı Bakanlar Kurulu Kararı'nın ardından, katılım aracının Birleşmiş Milletlere sunulmasıyla 26 Ağustos 2009 tarihinde Kyoto Protokolü'ne Taraf olmuştur. Protokol kabul edildiğinde BMİDÇS tarafı olmayan Türkiye, EK-I Taraflarının sayısallaştırılmış salım sınırlama veya azaltım yükümlülüklerinin tanımlandığı Protokol EK-B listesine dâhil edilmemiştir. Dolayısıyla, Protokol'ün 2008-2012 yıllarını kapsayan birinci yükümlülük döneminde Türkiye'nin herhangi bir sayısallaştırılmış salım sınırlama veya azaltım yükümlülüğü bulunmamaktadır (iklim.cob.gov.tr/iklim/AnaSayfa/Kyoto.aspx?sflang =tr (E.T.10/12/2014).

Türkiye, zorunlu karbon piyasası esneklik mekanizmaları uygulamalarından yararlanmamaktadır. 2005 yılından itibaren geliştirilmekte olan tüm projeler Gönüllü Karbon Piyasasının taraflarınındır.

Tablo 3.4: Türkiye'de gönüllü karbon piyasalarında geliştirilen proje türleri ve emisyon azaltımları projelerin sektörlere göre dağılımları (18/04/2014 Tarihi İtibariyle), (Kaynak: T.C. Çevre ve Şehircilik Bakanlığı).

Proje Türü	Sayısı	Yıllık Emisyon Azaltımı (t CO2/YIL)
Hidroelektrik Santrali	159	8.747.634
Rüzgâr Santrali	106	7.951.391
Atıktan Enerji Üretimi/Biyogaz	27	3.069.273
Enerji verimliliği	10	432.081
Jeotermal	6	405.309
TOPLAM	308	20.605.688

Türkiye'de son yıllarda Karbon Piyasalarına ilişkin çalışmalar çeşitli kurumların strateji ve eylem planlarında yerini almıştır. Fiyatlandırılan sera gazı kirletme birimlerinin mülkiyet hakkına dönüştürülmesi ve uluslararası ticaretinin yapılması vergilendirme ile ilgili sorunları da beraberinde getirmiştir.

Karbon piyasasındaki satışların vergilendirilmesine ilişkin olarak birçok Avrupa ülkesinde Karbon Vergisi uygulanmakta olup Türk Vergi Sisteminde Karbon Vergisi yer almamaktadır. VUK Kanunun 269'uncu maddesinin 4'üncü fıkrasında gayrimaddi haklar belirtilmiş işletmelere dâhil olması durumunda maliyet bedelleri ile değerleneceği, KVK'nin 30'uncu maddesinin (2) fıkrasında Dar mükellefiyete tabi kurumların,

Ticarî veya ziraî kazanca dâhil olup olmadığına bakılmaksızın telif, imtiyaz, ihtira, işletme, ticaret unvanı, marka ve benzeri gayrimaddî hakların satışı, devir ve temliki karşılığında nakden veya hesaben ödenen veya tahakkuk ettirilen bedeller üzerinden bu maddenin birinci fıkrasında belirtilen kişilerce %20 oranında kurumlar vergisi kesintisi yapılır. Hükümleri yer almaktadır.

Türkiye'de Karbon sertifikalarının satışından elde edilecek gelirin vergilendirilmesine ilişkin özel hüküm bulunmaması nedeniyle gelirler gayrimaddi haklar kapsamında değerlendirildiğinde, Gelir vergisi bakımından GV Kanunu 70'nci maddesinin 4,5 ve 6'ncı bentlerinde hüküm altına alınmış hakların satışından elde edilen kazançlar GV kanunu mükerrer 80'inci maddesi hükümleri doğrultusunda değer artış kazancı olarak, GV Kanununun 103 maddesinde belirtilen tarife üzerinden, Kurumlar Vergisi bakımından ise Sermaye Değer Artış Kazançları kapsamında %20 oranın da vergilendirilecektir.

Yurtdışına yapılacak Karbon sertifikaları satışında vergilendirilmeye ilişkin olarak satış yapılan ülke ile çifte vergilendirmeyi önleme antlaşmasının varlığı durumunda bağlayıcı niteliği gereği belirlenen hükümler çerçevesinde uygulamanın değişeceği göz önün de bulundurulmalıdır.

Yurt içinde faaliyet gösteren bir kurumun sahibi olduğu karbon sertifikasını yurt dışında faaliyet gösteren bir başka dar mükellef kuruma satması halinde, bu satışın, KDVK'nin 11'nci maddesi hükümleri uyarınca ihracat istisnasından yararlanması gerekmektedir.

Enerji ve Tabii Kaynaklar Bakanlığı tarafından hazırlanan ve YPK tarafından kabul edilen Enerji Verimliliği Strateji Belgesi (2012-2023), 25 Şubat 2012 tarih ve 28215 sayılı Resmi Gazete'de yayımlanarak yürürlüğe girmiştir. Belgenin temel hedefi '2023 yılında Türkiye'nin GSYİH başına tüketilen enerji miktarının 2011 yılı değerine göre en az %20 azaltılmasıdır. Strateji Belgesinde karbon ticareti ve borsası kurulmasına ilişkin SA-07/SH-05/E-01 eylem kodunda "Enerji verimliği ve yenilenebilir enerji kaynakları ile ilgili uygulamalar için kamu dışında sürdürülebilir finansman ortamları bağlamında, Türkiye'de karbon ticareti ve karbon borsası altyapısını geliştirme çalışmaları belgenin yayım tarihinden itibaren on sekiz ay içerisinde tamamlanacaktır. İş birliği yapılacak kuruluşlar olarak ETKB, MB, KB, HM, İAB, SPK, İMKB, VOB ve Takasbank'' olarak belirlenmiştir (www.eie.gov.tr/iklim_deg/emisyon_ticareti.aspx E.T.10/12/2014).

3.4 Kaynak Kullanımı Destekleme Fonu Mevzuatı

Kaynak Kullanımı Destekleme Fonuna (KKDF) ilişkin temel Mevzuat; 12.05.1988 tarih ve 88/12944 sayılı Kararname ile Kaynak Kullanımını Destekleme Fonu Hakkında (6) Sıra No.lu Tebliğ'dir. Kaynak Kullanımı Destekleme Fonu (KKDF), vadeli mal ithalatlarında ve kredi kullanımlarında doğar. 3065 sayılı Katma Değer Vergisi Kanunu 21/b maddesinde "İthalat sırasında ödenen her türlü vergi, resim, harç ve paylar'', mal bedeli ile birlikte Katma Değer Vergisi'nin matrahını oluşturur. Hükmü yer almaktadır.

İthalatın "peşin", "akreditifli" veya "vesaik mukabili" ödeme ile yapılması halinde KKDF doğmaz. İthalatın; kabul kredili, vadeli akreditif ve mal mukabili ödeme şekillerine göre yapılması halinde ise %6 oranında KKDF ödenir. İhracatı Teşvik Belgesi ile DİİB kapsamında kabul kredili, vadeli akreditif ve mal mukabili ödeme şekline göre yapılan ithalatta KKDF %0 olarak uygulanır. İthalatta KKDF tutarları, gümrük yükümlülüğünün doğduğu tarihte gümrük idarelerinde gümrük saymanlıklarına veya yetki verilen bankalara Türk Lirası olarak ödenir.

Bankalar, özel finans kurumları ve finansman şirketleri, Tablo 3.4'te belirtilen oranlarda hesapladıkları fon kesintilerini, Türk lirası kredilerde (Endeksli krediler dâhil) faiz tahakkukunu, Döviz kredilerinde kredinin kullanıldığı veya kullandırıldığı tarihi, Kredili ithalatta tahsilatı, izleyen ayın 15'inci günü akşamına kadar Kaynak Kullanımını Destekleme fonu'na yatırmak zorundadırlar.

Tablo 3.5: Kredilerde, kaynak kullanımını destekleme fonuna yapılacak kesinti oranları (www.gib.gov.tr/fileadmin/mevzuatek/kkdf_mevzuat/6_TEBLIG.htm E.T. 21/12/2014).

		FON KESİNTİSİ ORANI
(2) A-)	Bankalar ve finansman şirketlerince kullandırılan (3)a) Tüketici kredilerinde (Gerçek kişilere ticari amaçla kullanılmamak kaydıyla kullandırılan krediler) (4)b) Diğer kredilerde	%15 (2010/974 sayılı B.K.K. ile değişik) %0
(5) B-)	Bankalar ve finansman şirketlerinin yurt dışından sağladıkları kredilerde	%0
(6) C-)	Bankalar ve finansman şirketleri dışında Türkiye'de yerleşik kişilerin yurt dışından sağladıkları kredilerde (*) Bankalar ve finansman şirketleri dışında Türkiye'de yerleşik kişilerin yurt dışından sağladıkları döviz ve altın kredilerinde (fiduciary işlemler hariç), Ortalama vadesi bir yıla kadar olanlarda Ortalama vadesi 1 yıl (1 yıl dâhil) ile 2 yıl arasında olanlarda Ortalama vadesi 2 yıl (2 yıl dâhil) ile 3 yıl arasında olanlarda Ortalama vadesi 3 yıl (3 yıl dâhil) ve üzerinde olanlarda (*) 01.01.2013 tarihli ve 28515 sayılı Resmi Gazete'de yayımı tarihini izleyen 02.01.2013 tarihinden itibaren kullanılacak kredilere uygulanmak üzere yayımlanan 2012/4116 sayılı BKK ile değiştirilen şeklidir.	%3 %3 %1 %0,5 %0
(7)D-)	Kabul kredili, vadeli akreditif ve mal mukabili ödeme şekillerine göre yapılan ithalatta	%6 (2011/2304 Sayılı B.K.K. ile değişik)

3.5 Asgari İşçilik Mevzuatı

5510 Sayılı Sosyal Sigortalar ve Genel Sağlık Sigortası Kanunu Asgari işçilik uygulaması ve uzlaşma başlıklı 85'inci maddesinde İşverenin, işin emsaline, niteliğine, kapsam ve kapasitesine göre işin yürütümü açısından gerekli olan sigortalı sayısının, çalışma süresinin veya prime esas kazanç tutarının altında bildirimde bulunduğunun tespiti halinde, işin yürütümü açısından gerekli olan asgarî işçilik tutarı; yapılan işin niteliği, kullanılan teknoloji, işyerinin büyüklüğü, benzer işletmelerde çalıştırılan sigortalı sayısı, ilgili meslek veya kamu kuruluşlarının görüşü gibi unsurlar dikkate alınarak tespit edilir. Söz konusu tespitler, Kurumun denetim ve kontrolle görevlendirilmiş memurları tarafından yapılır. Kamu idareleri, döner sermayeli kuruluşlar kanunla kurulan kurum ve kuruluşlar ile bankalar tarafından ihale mevzuatına göre yaptırılan işlerden ve özel nitelikteki inşaat işlerinden dolayı bu işleri yapan işveren tarafından yeterli işçilik bildirilmiş olup olmadığı Kurumca araştırılır. Bu araştırma sonucunda yeterli işçiliğin bildirilmemiş olduğu anlaşılırsa, eksik bildirilen işçilik tutarı üzerinden hesaplanan prim tutarı, 89'uncu madde gereği hesaplanacak gecikme cezası ve gecikme zammı ile birlikte bir ay içinde ödenmek üzere işverene tebliğ edilir.

İlgili madde hükmünden yükümlülerin üstlendikleri inşaat işlerinde ve ihale konusu işlerde gerektiği kadar SGK primi bildirip bildirmediklerinin tespiti amaçlanmıştır. İşlemlerin denetim ve uygulanmasında yetkili kurum Çalışma ve Sosyal Güvenlik Bakanlığıdır.

5510 Sayılı Sosyal Sigortalar ve Genel Sağlık Sigortası Kanunu, Prim ve idari para cezası borçlarının hak edişlerden mahsubu, ödenmesi ve ilişiksizlik belgesinin aranması başlıklı 90'ıncı maddesinde Valilikler, belediyeler, il özel idareleri ve ruhsat vermeye yetkili diğer merciler tarafından, geçici iskân veya yapı kullanma izin belgesi verilmeden önce yapılan inşaat dolayısıyla, diğer kamu idareleri ile döner sermayeli kuruluşlar, kanunla kurulan kurum ve kuruluşlar ve bankaların ise Bakanlar Kurulu kararı ile belirlenecek işlemlerinde Kuruma borçlarının bulunmadığına dair ilgililerden Kurumca düzenlenmiş bir belgenin istenmesi zorunludur.

Ülke çapında uygulanan ve özel bir izne veya belgeye dayanmayan genel düzenlemeler hariç olmak üzere, belirli bölgelere veya sektörlere yönelik ya da kamu kurum ve kuruluşları tarafından verilen özel belgelere veya izinlere dayalı olarak kamudan kaynak tahsis edilmesi şeklinde kanun, kararname ve diğer mevzuatla sağlanan araştırma, geliştirme, üretim, yatırım, pazarlama ve benzeri tüm aşamalarda uygulanan devlet yardımı, teşvik ve desteklerin, daha önce başlayıp devam eden nakdi olmayanlar ile kamu kurum ve kuruluşları tarafından proje ve faaliyetleri karşılığında kamu kurum ve kuruluşlarına sağlananlar hariç olmak üzere, verilmesinden önce işverenlerden Kuruma muaccel olmuş prim ve idari para cezası borçlarının bulunmadığına veya tecil ve taksitlendirildiğine ya da yapılandırıldığına dair belge ve bilgilerin istenmesi zorunludur.

Devlet yardımı, teşvik ve desteklerden; işverenlerin muaccel prim ve idari para cezası borçları kesilip Kuruma aktarıldıktan sonra, varsa kalan kısmı üzerinden yararlanılabilir. Tecil ve takside bağlanmış ya da yapılandırılmış olan borçlara ilişkin yükümlülüklerin yerine getirilmemesinden dolayı anlaşması bozulanlardan veya bu sebepler dışında söz konusu yardım, teşvik ve desteklerden yararlanmaması gerektiği sonradan anlaşılanlardan, yapılan devlet yardımı teşvik ve destek ödemeleri ilgili mevzuat çerçevesinde müeyyideleri ile birlikte geri alınır (www.mevzuat.gov.tr/Metin.Aspx?MevzuatKod=1.5.5510&sourceXmlSearch= & Mevzuat İlişki=0 E.T.10/12/2014).

Sektörlerin üretim esaslı tesis yatırımları inşaat harcamaları yatırım maliyetlerinin önemli bir kısmını oluşturmaktadır. Yenilenebilir enerji yatırımlarının yüksek maliyetli yatırımlar olması ve tesislerin işletmeye geçiş süreci dikkate alındığında, gerekli olan en az sigortalı sayısı, sigorta primine esas kazanç tutarı ve çalışma sürelerinin tespiti önem arz etmektedir. SGK tarafından yayımlanan tebliğlerde enerji sektöründe uygulanacak asgari işçilik oranları Bina ve Elektrik- Montaj sınıfları içinde yer almıştır. Yenilenebilir enerji kaynakları güneş ve rüzgâr enerjisi üretim tesisleri santral inşaatlarında uygulanacak asgari işçilik oranları belirlenmiş İşe özel bir işçilik oranı tespit ettirilmemiş ise tebliğde yer alan (ilan edilmiş) işçilik oranı uygulanmak suretiyle yapılacağı düzenlenmiştir.

Tablo 3.6: 01.03.2014 Tarihli SGK tebliği ile yayımlanan asgari işçilik oranları listesi (en son asgari işçilik oranları listesi - 01.03.2014 tarihinden beri yürürlüktedir).

Sıra No*	İŞKOLU	Asgari işçilik oranı %
BARAJ - GÖLET – SULAMA		
5	Barajlar, göletler ve hidroelektrik santral inşaatı (beton baraj), komple (dolgu - tünel – savak)	6
6	Barajlar, göletler ve hidroelektrik santral inşaatı (kaya dolgu baraj), komple (dolgu - tünel - savak)	5
7	Barajlar, göletler ve hidroelektrik santral inşaatı (toprak dolgu baraj), komple (dolgu-tünel-savak)	5
10	Hidromekanik teçhizat imal ve montajı (kapak, cebri boru vb.)	9
BİNA		
105	Güneş enerjisi santrali altyapı inşaatı (üst yapı hariç)	9
106	Güneş enerjisi santrali inşaatı(komple)	6
129	Katı atık entegre bertaraf tesisi (komple ayrıştırma, enerji üretim vs.)	6
152	Rüzgâr enerji santrali altyapı inşaatı (üst yapı hariç)	9
153	Rüzgâr enerji santrali inşaatı (komple)	6
ELEKTRİK – MONTAJ		
25	Enerji kesme, açma, ihbar bırakma	30
26	Enerji nakil hattı tel çekimi işi	7
27	Enerji temini, trafo postası (TRP), alçak gerilim şebekesi (AGŞ)	8

*Tabloda SGK Asgari İşçilik Oranları Listesinde yer sıra numaraları kullanılmıştır.

Asgari işçilik uygulaması; İşverenin kuruma bildirdiği sigorta primine esas kazançlar toplamının ihaleli işlerde istihkak bedeline, özel bina inşaatlarında ise yaklaşık maliyet bedeline uygulanacak işçilik oranları sonucunda hesaplanan işçilik tutarlarının karşılaştırılmasına dayanır. İşveren tarafından bildirilen prim, hesaplama sonucu tespit edilen prim tutarından fazla ise yeterli işçi çalıştırıldığı kabul edilir. Aksi hâlde eksik bildirilen işçilik tutarı üzerinden hesaplanan prim tutarı, 5510 Sayılı Sosyal Sigortalar ve Genel Sağlık Sigortası Kanunun 89'uncu madde gereği hesaplanacak gecikme cezası ve gecikme zammı ile birlikte bir ay içinde ödenmek üzere işverene tebliğ edilir.

Örnek: 01/02/2012 yılında Güneş Enerjisi Santrali altyapı inşaatına (üstyapı hariç) başlandığı 30/06/2014 tarihinde bitirildiği, inşaat sınıfının 2-C[5] inşaat alanının 10.000 metrekare olduğu, SGK'ya bu işle ilgili olarak 01/02/2012 – 30/06/2014 tarihleri arasında 250.000,00 TL sigorta primine esas kazanç bildirildiği varsayıldığında,

Toplam Maliyet = Toplam İnşaat Alanı x Birim Fiyat[6]

10.000 x 370,00 = 3.700.000,00 TL

Asgari İşçilik = Tüm Yapım Maliyeti x Uygulanacak İşçilik Oranı

3.700.000,00 x %6,75[7]= 249.750,00 TL

Bildirim Eksiği = Hesaplanan Asgari İşçilik Tutarı – İşverenin Bildirdiği Tutar

249.750,00 – 250.000,00 = 250,00 TL

İşverenin inşaat işine ilişkin bildirimi ve hesaplama sonucu karşılaştırıldığında 250,00 TL fazla ödemesi çıkması neticesinde yeterli işçi çalıştırdığı kabul edilir.

3.6 Kamulaştırma Mevzuatı

Türkiye Cumhuriyeti Anayasası'nın 46'ncı maddesinde; "Devlet ve kamu tüzelkişileri; kamu yararının gerektirdiği hallerde, gerçek karşılıklarını peşin ödemek şartıyla, özel mülkiyette bulunan taşınmaz malların tamamını veya bir kısmını, kanunla gösterilen esas ve usullere göre, kamulaştırmaya ve bunlar üzerinde idarî irtifaklar kurmaya yetkilidir."

Kamulaştırma bedeli ile kesin hükme bağlanan artırım bedeli nakden ve peşin olarak ödenir. Ancak, tarım reformunun uygulanması, büyük enerji ve sulama projeleri ile iskân projelerinin gerçekleştirilmesi, yeni ormanların yetiştirilmesi, kıyıların korunması ve turizm amacıyla kamulaştırılan toprakların

---

5 İnşaatın sınıfı, grubu ve alanı ilgili Belediyeden alınan İnşaat Ruhsatında bulunur.

6 Çevre ve Şehircilik Bakanlığı 2013 yılı Yapı Yaklaşık Birim Maliyetleri Hakkında Tebliğ 2 sınıf C grubu (Sanayi yapıları) Birim Fiyat 370,00 TL

7 SGK Asgari İşçilik Oranı hesaplamalarında Özel inşaatlar için işle ilgili tespit edilen oranı %25 azaltarak uygulamaktadır. İlgili inşaat işinde işçilik oranı %9 olmakla birlikte %25 düşürüldüğünde hesaplamada %6,75 kullanılacaktır.

bedellerinin ödenme şekli kanunla gösterilir. Kanunun taksitle ödemeyi öngörebileceği bu hallerde, taksitlendirme süresi beş yılı aşamaz; bu takdirde taksitler eşit olarak ödenir (www.tbmm.gov.tr/anayasa.htm E.T.10/12/2014).

Bu hüküm çerçevesinde kamulaştırma; İdarelerin, kamu yararının gerektirdiği hallerde, özel mülkiyette bulunan taşınmaz malların bedellerini nakden ve peşin ödemek suretiyle mal sahibinin rıza ve muvafakati olmaksızın elinden alınmasıdır. Kamulaştırmada dört ana unsur vardır:

1. Kamu yararının gerektirdiği bir durum olmalıdır.
2. Kamulaştırılan taşınmaz mal, özel mülkiyette bulunmalıdır.
3. Kamulaştırma kararı, özel kanunlarda gösterildiği şekilde, yetkili organ tarafından alınmış ve onaylanmış olmalıdır.
4. Kamulaştırma bedeli nakden ve peşin ödenmelidir (Yıldırım, 2013:31).

Yenilenebilir enerji yatırımlarında özel hukuk tüzelkişiler adına yapılacak kamulaştırma işlemi 6446 sayılı Elektrik Piyasası Kanununa dayanılarak gerçekleştirilir. Kamulaştırmaya ilişkin 6446 sayılı Kanunun 19'uncu maddesinde "Elektrik piyasasında üretim veya dağıtım faaliyetlerinde bulunan önlisans veya lisans sahibi özel hukuk tüzel kişilerinin, önlisans ve lisansa konu faaliyetleri için gerekli olan kişilerin özel mülkiyetinde bulunan taşınmazlara ilişkin kamulaştırma talepleri Kurum tarafından değerlendirilir ve uygun görülmesi hâlinde Kurul tarafından kamu yararı kararı verilir. Söz konusu karar çerçevesinde gerekli kamulaştırma işlemleri 4/11/1983 tarihli ve 2942 sayılı Kamulaştırma Kanununda belirtilen esaslar dâhilinde üretim faaliyetlerinde bulunan önlisans veya lisans sahibi özel hukuk tüzel kişileri için Maliye Bakanlığı, dağıtım faaliyetlerinde bulunan lisans sahipleri için TEDAŞ tarafından yapılır. Bu durumda kamulaştırma bedelleri ile kamulaştırma işlemlerinin gerektirdiği diğer giderler kamulaştırma talebinde bulunan önlisans veya lisans sahibi tüzel kişi tarafından ödenir''. Şeklinde düzenlenmiştir.

Lisanslı elektrik üretiminde, yenilenebilir enerji kaynaklarının elverişli olduğu alanların kamulaştırılması ile ilgili düzenleme 6446 sayılı Kanunun 19'uncu maddesinde hüküm altına alınmış ancak Lisanssız üretim tesisleri için kamulaştırma işleminin yapılmayacağı Elektrik Piyasasında Lisanssız Elektrik Üretimine İlişkin Yönetmeliğin 26'ncı maddesinde düzenlenmiştir.

5346 Sayılı Yenilenebilir Enerji Kaynaklarının Elektrik Enerjisi Üretimi Amaçlı Kullanımına İlişkin Kanunun 4'üncü maddesinde bu kanunun yürürlük tarihinden sonra kamu veya Hazine arazilerinde yenilenebilir enerji kaynak alanlarının kullanımını ve verimliliğini etkileyici imar planları düzenlenemeyeceği, elektrik enerjisi üretimine yönelik yenilenebilir kaynak alanlarının ilgili kurum ve kuruluşların görüşü alınarak belirlenmesi, derecelendirilmesi, korunması ve kullanılmasına ilişkin usul ve esaslar yönetmelikle düzenleneceği ve belirlenen yenilenebilir kaynak alanlarının imar planlarına resen işlenmek üzere Enerji Bakanlığı tarafından ilgili mercilere bildirileceği düzenlenmiştir.

Yenilenebilir enerji kaynaklarına dayalı elektrik üretim tesislerinin kamu malı niteliğindeki taşınmazlar üzerinde kurulmasına ilişkin uygulamalar 5346 Sayılı Yenilenebilir Enerji Kaynaklarının Elektrik Enerjisi Üretimi Amaçlı Kullanımına İlişkin Kanunun 8'inci maddesinde düzenlenmiştir.

1) Orman vasıflı olan veya Hazinenin özel mülkiyetinde ya da Devletin hüküm ve tasarrufu altında bulunan taşınmazlardan bu Kanun kapsamındaki yenilenebilir enerji kaynaklarından elektrik enerjisi üretimi yapılmak amacıyla tesis, ulaşım yolları ve şebekeye bağlantı noktasına kadarki enerji nakil hattı için kullanılacak olanlar hakkında Çevre ve Orman Bakanlığı veya Maliye Bakanlığı tarafından bedeli karşılığında izin verilir, kiralama yapılır, irtifak hakkı tesis edilir veya kullanma izni verilir.
2) Mera Kanunu kapsamında bulunan mera, yaylak, kışlak ile kamuya ait otlak ve çayır olması halinde, 4342 sayılı Mera Kanunu hükümleri uyarınca bu taşınmazlar, tahsis amacı değiştirilerek Hazine adına tescil edilir. Bu taşınmazlara ilişkin olarak, Maliye Bakanlığı tarafından bedeli karşılığında kiralama yapılır veya irtifak hakkı tesis edilir.
3) Milli park, tabiat parkı, tabiat anıtı ile tabiatı koruma alanlarında, muhafaza ormanlarında, yaban hayatı geliştirme sahalarında, özel çevre koruma bölgelerinde ilgili Bakanlığın, doğal sit alanlarında ise ilgili koruma bölge kurulunun olumlu görüşü alınmak kaydıyla yenilenebilir enerji kaynaklarına dayalı elektrik üretim tesislerinin kurulmasına izin verilir. (www.enerji.gov.tr/mevzuat/5346/5346_Sayili_Yenilenebilir_

Enerji_Kaynaklarinin_Elektrik_Enerjisi_Uretimi_Amacli_Kullanimina _ Iliskin_Kanun.pdf (E.T.20/12/2014).

Önlisans ve lisans alma ile şirket kurma yükümlülüğünden muaf olarak kurulabilecek üretim tesisleri için kamulaştırma işlemi yapılmayacağı, Elektrik Piyasasında Lisanssız Elektrik Üretimine İlişkin Yönetmeliğin 26'ncı maddesinde düzenlenmiş ancak 5346 sayılı YEK Kanunu 4'üncü maddesi ve Arazi ihtiyacına ilişkin uygulamalar başlıklı 8'inci maddesinde Devletin hüküm ve tasarrufu altında veya hazinenin özel mülkiyetinde bulunan taşınmazların kullanıma bırakılamayacağı yönünde bir düzenlemeye rastlanılmamıştır.

DÖRDÜNCÜ BÖLÜM

ENERJİ YATIRIMLARINDA TEŞVİKLER

Bu bölümde, yenilenebilir enerji yatırımlarına ilişkin uygulanan vergi teşvikleri ile enerji mevzuatında yer alan teşvikler hakkında genel bilgilendirme amaçlanmış olup, teşvik unsurlarının neler olduğu, faydalanılan ve kapsam dışı bırakılan unsurların yatırımlar üzerindeki etkisi değerlendirilecektir. Yatırım Teşvik Belgesi kapsamında, uygulanan enerji politikasının yenilenebilir enerji yatırımlarını özendirme, potansiyeli oluşturup oluşturmadığı, maliyeti yüksek bu yatırımlarda teşviklerin etkisi bulunup bulunmadığı, özel sektör yatırımcısının beklentilerini ne ölçüde karşıladığı irdelenecektir.

4.1 Yatırımlarda Vergi Teşvikleri

Yatırımlarda vergi teşviklerine ilişkin en önemli düzenleme, 14/07/2009 tarih ve 2009/15199 sayılı Bakanlar Kurulu Kararı ile yürürlüğe konulan Yatırımlarda Devlet Yardımları Hakkında Karar'dır. Sektörlerin, bölge, yatırım büyüklüğü ve faaliyet konusuna göre desteklenmesini sağlamak üzere geliştirilen Yatırım Teşvik Programı, 15 Haziran 2012 tarih ve 2012/3305 sayılı Yatırımlarda Devlet Yardımları Hakkında Karar ile yürürlüğe girmiş; uygulamaya ilişkin usul ve esaslar da 2012/1 sayılı Tebliğ'de yayımlanmıştır. 2012/3305 sayılı Bakanlar Kurulu Kararının amacı; 1'inci madde de kalkınma planları ve yıllık programlarda öngörülen hedefler doğrultusunda tasarrufların katma değeri yüksek yatırımlara yönlendirilmesine, üretim ve istihdamın artırılmasına, uluslararası rekabet gücünü artıracak ve araştırma- geliştirme içeriği yüksek bölgesel ve büyük ölçekli yatırımlar ile stratejik yatırımların özendirilmesine, uluslararası doğrudan yatırımların artırılmasına, bölgesel gelişmişlik farklılıklarının azaltılmasına, kümelenme ve çevre korumaya yönelik yatırımlar ile araştırma ve geliştirme faaliyetlerinin desteklenmesine ilişkin usul ve esaslarının düzenlenmesi olarak belirtilmiştir.

Yatırımlarda Devlet Yardımları Hakkında Kararın Uygulanmasına İlişkin yayımlanan 2012/1 numaralı tebliğ de Yatırım Teşvik Belgesinin; yatırımın karakteristik değerlerini ihtiva eden, yatırımın belirlenen asgari şartlara uygun olarak gerçekleştirilmesi halinde üzerinde kayıtlı destek unsurlarından istifade imkânı sağlayan, Karar'ın amaçları doğrultusunda gerçekleştirilecek yatırımlar için düzenlenen bir belge olduğu, Gerçek kişiler, adi ortaklıklar, sermaye şirketleri, kooperatifler, iş ortaklıkları, Kamu kurum ve kuruluşları, Kamu kuruluşu niteliğindeki meslek kuruluşları, Dernekler ve vakıflar, Yurt dışındaki yabancı şirketlerin Türkiye'deki şubelerinin belge talepleri için, Ekonomi Bakanlığı Teşvik Uygulama ve Yabancı Sermaye Genel Müdürlüğüne veya Genel Teşvik Uygulamaları kapsamında yer alan, sabit yatırım tutarı 10 Milyon TL'yi aşmayan ve Tebliğle belirlenen yatırım konuları için tercihe bağlı olarak yatırımın yapılacağı yerdeki Kalkınma Ajansları veya Sanayi Odalarına (yerel birimler) başvurabilecekleri düzenlenmiştir.

2012/3305 sayılı BKK ile belirlenen desteklerin uygulanması açısından iller, sosyo-ekonomik gelişmişlik seviyeleri dikkate alınarak altı bölgeye ayrılmıştır. Teşvik sistemi; genel, bölgesel, büyük ölçekli ve stratejik yatırımlarımlar biçiminde sınıflandırılmış olup uygulanacak teşvikler bu sınıflara göre belirlenmiştir. Yatırım Teşvik Belgeleri kapsamında gerçekleştirilecek yatırım cinsleri; komple yeni, tevsi, modernizasyon, ürün çeşitlendirme ve entegrasyondan oluşmaktadır.

Tablo 4.1: Yatırımlarda devlet yardımları hakkında karara ilişkin teşvik sistemi (www.ekonomi.gov.tr/portal/faces/home/yatirim/mevzuatYat/Yatirim-YTM?_afrLoop=1 49479806147220 &_afrWindowMode=0&_afrWindowId=new21co7p_314#!%40%40%3F_afrWindowId%3Dnew21co 7p_314%26_afrLoop%3D149479806147220%26_afrWindowMode%3D0%26_adf.ctrl-state%3Dnew21co7p_374 (E.T.02/01/2015)[8]

Destek Unsurları	Genel Teşvik Uygulamaları	Bölgesel Teşvik Uygulamaları	Büyük Ölçekli Yatırımlar	Stratejik Yatırımlar
Gümrük Vergisi Muafiyeti	✓	✓	✓	✓
KDV İstinası	✓	✓	✓	✓
Vergi İndirimi	-	✓	✓	✓

[8] Bu bölümdeki tüm tablolar aynı adresten alınmıştır.

Tablo 4.1 (Devam): Yatırımlarda devlet yardımları hakkında karara ilişkin teşvik sistemi (www.ekonomi.gov.tr/portal/faces/home/yatirim/mevzuatYat/Yatirim-YTM?_afrLoop=149479806147220&_afrWindowMode=0&_afrWindowld=new21co7p_314#!%40%40%3F_afrWindowld%3Dnew21co7p_314%26_afrLoop%3D149479806147220%26_afrWindowMode%3D0%26_adf.ctrl-state%3Dnew21co7p_374 (E.T.02/01/2015)

Destek Unsurları	Genel Teşvik Uygulamaları	Bölgesel Teşvik Uygulamaları	Büyük Ölçekli Yatırımlar	Stratejik Yatırımlar
Sigorta Primi İşveren Hissesi Desteği*	✓	✓	✓	✓
Yatırım Yeri Tahsisi	_	✓	✓	✓
Faiz Desteği**	_	✓	_	✓
KDV İadesi***	_	_	_	✓
Gelir Vergisi Stopajı Desteği****	✓	✓	✓	✓
Sigorta Primi Desteği****	_	✓	✓	✓

* Tersanelerin gemi inşa yatırımları için.
** 3'üncü, 4'üncü, 5'inci ve 6'ncı bölgelerdeki yatırımlar için.
*** Sabit yatırım tutarı beş yüz milyon Türk Lirasının üzerindeki stratejik yatırımlar kapsamında yapılacak bina-inşaat harcamaları KDV iadesinden yararlandırılabilir.
**** 6'ncı bölgede gerçekleştirilecek yatırımlar için.

AR-GE ve çevre yatırımları teşvik sistemi içinde yer almakla birlikte 2012/3305 sayılı Kararın 19'uncu maddesinde düzenlenmiş ve bölge ayırımı yapılmaksızın KDV istisnası, gümrük vergisi muafiyeti ve faiz desteğinden, söz konusu yatırımların, 6'ncı bölgede gerçekleştirilmesi halinde gelir vergisi stopajı ve sigorta primi desteğinden de yararlanılacağı düzenlenmiştir.

4.2 Yatırımlarda Devlet Yardımları Hakkında Karara İlişkin Teşvik Unsurları

Yatırım Teşvik Belgesi kapsamında uygulanacak teşvik unsurları ayrı ayrı kanunlarda düzenlenen hükümler olmakla birlikte, bu hükümlerden yararlanacak yatırımlar ve şartları Karar da belirlenmiştir. Teşvik unsurları, içinde yer aldıkları kanun hükümleri çerçevesinde uygulanmakla birlikte, yararlanılacak desteğe ilişkin belirlenen oranlar veya üst sınır olması durumunda hesaplamalar ve işlemler bu düzenlemeler kapsamında gerçekleştirilmektedir.

Yenilenebilir enerji yatırımlarına ilişkin destekler sınırlı olup, genel teşvik uygulamaları kapsamında belirlenen Gümrük Vergisi muafiyeti ve KDV istisnasından yararlanılmaktadır. Yatırım yapılan bölge bazında, Yatırım Teşvik Belgesinde belirtilmesi kaydıyla, öngörülen teşvik unsurları da uygulanmaktadır.

4.2.1 Gümrük Vergisi Muafiyeti

Gümrük Vergisi muafiyeti uygulanacağına ilişkin düzenleme 2012/3305 sayılı Yatırımlarda Devlet Yardımları Hakkında Kararın 9'uncu maddesinde yer almaktadır. Teşvik Belgesi kapsamında gerçekleştirilen yatırımlara tanınan gümrük muafiyeti usul ve esasları düzenlenmiştir. Kararda belirtilen Teşvik edilmeyecek yatırım konuları ile aranan şartları sağlayamayan yatırım konuları hariç olmak üzere, asgarî sabit yatırım tutarı üzerindeki tüm yatırımlar, Teşvik sisteminde genel, bölgesel, büyük ölçekli ve stratejik yatırım ayrımı yapılmaksızın gümrük vergisi muafiyetinden faydalanır.

Gümrük Vergisi muafiyeti, teşvik edilen yatırım kapsamında yurt dışından temin edilecek yatırım malı makine ve teçhizat için ithalat rejimi kararında belirtilen gümrük vergisinin ödenmemesidir. Gümrük vergisi oranları Ekonomi Bakanlığınca yayımlanan İthalat Rejim Kararı ile belirlenmektedir.

Yatırımcıların, gümrük vergisi muafiyetinden faydalanabilmeleri için öncelikle Ekonomi Bakanlığı veya Bakanlığın yetkilendirdiği idareler tarafından düzenlenmiş bir yatırım teşvik belgesine sahip olmaları gerekmektedir. Yürürlükteki hükümler çerçevesinde verilen teşvik belgesine ekli listede makine ve teçhizat tanımına giren sabit kıymetleri belirleyerek liste üzerine hangi kalemlerin gümrük vergisi muafiyetinden faydalanabileceğine ilişkin bilgilere yer verilmektedir.

Yatırım teşvik belgesi kapsamında kullanılmış münferit makine ve teçhizat veya kullanılmış komple tesisin ithalinin uygun görülmesi halinde Ekonomi Bakanlığınca yatırım teşvik belgesi ve ithal makine ve teçhizat listesi üzerine ilgili şerhler düşülür.

Gümrük vergisi muafiyetinden faydalanabilmek için İthal edilen makine ve teçhizatın gümrük bölgesine girmesi ile gümrük beyannamesinin tescili ve kabulü esnasında yatırım teşvik belgesi aslı ve ithal makine ve teçhizat listesi aslını ithalatın yapılacağı gümrük idaresine ibraz edilmesi gerekir.

Örnek: RES santrali komple yeni yatırım için 6.000.000,00 TL makine ve teçhizat ithal eden yatırımcının Yatırım Teşvik Belgesi kapsamında Gümrük Vergisi muafiyetinden sağlayacağı avantaj nedir?

Gümrük Vergisi Muafiyet Tutarı = (İthal Makine ve Teçhizat Bedeli) x (Gümrük Vergisi Oranı[9])

= 6.000.000,00 TL x (%2)

= 120.000,00 TL

Yatırımcının, Yatırım Teşvik Belgesi kapsamında ithal etmiş olduğu makine ve teçhizata ilişkin hesaplanan 120.000,00 TL Gümrük vergisinin tahsilinden devlet vazgeçmiştir. Ödenmesi gereken Gümrük Vergisi tutarında destek sağlanmıştır. Söz konusu makine ve teçhizat için KDV Kanunu'nun 13/d maddesi kapsamında KDV istisnası da uygulanabilecektir. Ayrıca, kabul kredili, vadeli akreditif ve mal mukabili ödeme şekillerine göre yapılan ithalatta Kaynak Kullanımını Destekleme Fonu (KKDF) kesintisi oranı %6 olarak tespit edilmiştir. Ancak, yatırım teşvik belgesi kapsamında sağlanan bir destek unsuru olmamasına rağmen belge kapsamında 1 yıl ve daha uzun vadeli yapılan ithalatlarda KKDF kesintisi yapılmamaktadır (www.ekonomi.gov.tr/portal/content/conn/UCM/path/Contribution%20Folders/web/Yat%c4%b1r%c4%b1m/Yat%c4%b1r%c4%b1m%20Te%c5%9fvik%20Sistemi/ekler/TesvikUygulamaRehberi.pdf?lve Erişim Tarihi: 04/01/2015).

4.2.2 KDV İstisnası

KDV İstisnasının uygulanacağına ilişkin düzenleme 2012/3305 sayılı Yatırımlarda Devlet Yardımları Hakkında Kararın 10'uncu maddesinde yer almaktadır. Yatırım teşvik kapsamında uygulanan KDV istisnası, amortismana tabi iktisadi kıymet niteliği taşıyan ve mal ve hizmet üretiminde kullanılan makine ve teçhizatı ifade etmektedir. Teşvik belgesi sahibi mükelleflere belge kapsamında istisna uygulanabilmesi için makine ve teçhizatın yatırım teşvik

[9] İthalat Rejimi Kararı'nda öngörülen Gümrük Vergisi Oranı ülkelere göre farklılık göstermekte olup, %2 oranı ortalama olarak kabul edilebilir.

belgesi eki listede yer alması, makine-teçhizat niteliğinde olması, makine-teçhizatın kullanıldığı faaliyetlerin tamamen veya kısmen indirim hakkı tanınan işlemlerden oluşması gerekmektedir.

Yatırımcıların, 3065 sayılı KDV Kanunu'nun 13/d maddesi hükmü çerçevesinde KDV istisnasından faydalanabilmeleri için öncelikle Ekonomi Bakanlığı ya da Bakanlığın yetkilendirdiği idareler tarafından düzenlenmiş bir yatırım teşvik belgesine sahip olmaları gerekmektedir. Yürürlükteki hükümler çerçevesinde verilen teşvik belgesine ekli listede makine ve teçhizat tanımına giren sabit kıymetleri belirleyerek liste üzerine hangi kalemlerin KDV istisnasından faydalanabileceğine ilişkin bilgilere yer verilmelidir.

Teşvik Belgesi alan yatırımcı, istisna kapsamında mal satın almak istemesi halinde, bağlı olduğu vergi dairesine başvurarak, KDV mükellefiyetlerinin bulunduğuna ve makine-teçhizatı indirim hakkı tanınan işlemlerde kullanacaklarına dair istisna belgesi alarak, bu belgenin örneğini gümrük idarelerine veya yurtiçindeki satıcılara ibraz ederler.

İstisnadan yararlanarak makine-teçhizat almak isteyen yatırımcıların; Vergi Dairesinden aldıkları istisna yazısını, Teşvik Belgesi ve teşvik belgesi eki makine ve teçhizat listesinin aslını satıcıya veya gümrük idaresine ibraz ederek istisna uygulanmasını talep etmeleri gerekmektedir.

Örnek: RES santrali komple yeni yatırım için 3.000.000,00 TL makine ve teçhizat satın alan yatırımcının Yatırım Teşvik Belgesi kapsamında KDV istisnası teşvik avantajı nedir?

KDV İstisnası Tutarı = (Makine ve Teçhizat Bedeli) x (KDV Oranı[10])

3.000.000,00 x %18 = 540.000,00 TL

KDV İstisnası, teşvik edilen yatırım kapsamında yurt içinden veya yurt dışından temin edilecek yatırım malı makine ve teçhizat için katma değer vergisinin ödenmemesidir. Yatırımcı almış olduğu makine ve teçhizata ilişkin hesaplanan 540.000,00 TL KDV'yi satıcıya ödemeyecektir. Yatırım teşvik belgesi sahibine makine ve teçhizat temini esnasında ödenmesi gereken KDV için kaynak ayırma gerekliliğini ortadan kaldırmaktadır.

---

[10] KDV Kanunun da belirtilen özel haller dışında, Yatırım Teşvik Belgesi kapsamında temin edilen yatırım malı makine ve teçhizat için belirlenen KDV oranı %18'dir.

4.2.3 Vergi İndirimi

İndirimli kurumlar vergisi uygulanacağına ilişkin düzenleme 2012/3305 sayılı Yatırımlarda Devlet Yardımları Hakkında Kararın 15'inci maddesinde yer almaktadır. Kurumlar Vergisi Kanununa 32/A maddesi olarak 5838 sayılı Kanunla eklenen indirimli kurumlar vergisi uygulamasının amacı, kalkınma planları ve yıllık programlarda öngörülen hedeflere uygun olarak, tasarrufları katma değeri yüksek yatırımlara yönlendirmek, üretimi ve istihdamı artırmak, uluslararası rekabet gücünü artıracak büyük ölçekli yatırımları özendirmek, doğrudan yabancı yatırımları artırmak, bölgesel gelişmişlik farklılıklarını gidermek, araştırma ve geliştirme faaliyetlerini desteklemektir. 2012/3305 sayılı BKK'nin 15'inci maddesinde, bölgesel, büyük ölçekli ve stratejik yatırımlara Kurumlar Vergisi 32'nci madde kapsamında uygulanan %20 yerine, Kararda belirtilen indirimli kurumlar vergisi oranları uygulanacağı hüküm altına alınmıştır.

Ekonomi Bakanlığı tarafından teşvik belgesine bağlanan yatırımlar dolayısıyla elde edilen kazançların düşük oranda vergilendirilmesi ile devlet desteği sağlanması amaçlanmaktadır. İndirilen Kurumlar Vergisi veya Gelir Vergisi tutarı yatırıma katkı tutarına ulaşıncaya kadar indirimli vergi uygulamasına devam edilir.

Yatırımcıların vergi indirimi desteğinden yararlanabilmesi için Ekonomi Bakanlığınca düzenlenen Yatırım Teşvik Belgesine sahip olmaları ve kayıtlı destek unsurları içerisinde vergi indirimi desteği olması gerekmektedir.

İndirimli Kurumlar Vergisin den, yatırımının kısmen veya tamamen faaliyete geçtiği geçici vergi döneminden itibaren faydalanılabilir. Kurumlar vergisi beyannamesi üzerinde indirimli kurumlar vergisi uygulanacak tutar, yatırımdan elde edilen ticari bilanço kârının dikkate alınması suretiyle tespit edilecektir. İndirime konu kazancın tespit edilmesini müteakip, bu destekten yararlanmak isteyen yatırımcı, Kurumlar Vergisi beyannamesinde yer alan KVK'nin 32/A maddesi kapsamında indirimli kurumlar vergisi ifadesiyle belirtilen satırlardaki oran ve tutarları doldurmak suretiyle, başka bir işleme gerek kalmaksızın destekten faydalanmaya başlar.

Tablo 4.2: 2012/3305 sayılı BKK ile 31/12/2014 tarihine kadar (bu tarih dâhil) yatırıma başlanılmış olması halinde uygulanacak indirim oranları ile yatırıma katkı oranları.

	Bölgesel Teşvik Uygulamaları		Büyük Ölçekli Yatırımlar	
Bölgeler	Yatırıma katkı oranı (%)	Kurumlar vergisi veya gelir vergisi indirim oranı (%)	Yatırıma katkı oranı (%)	Kurumlar vergisi veya gelir vergisi indirim oranı (%)
1	15	50	25	50
2	20	55	30	55
3	25	60	35	60
4	30	70	40	70
5	40	80	50	80
6	50	90	60	90

Stratejik yatırımlar için tüm bölgelerde uygulanacak vergi indirimi oranı yüzde doksan ve yatırıma katkı oranı yüzde ellidir.

Örnek: 3'üncü bölgede 2014 yılı itibariyle faaliyete geçmiş bir yatırımdır.

Sabit yatırım: 15.000.000,00 TL

Kurumlar Vergisine Esas BilançoKarı: 3.000.000,00 TL [11] (Karapınar, Aydın-Ayıkoğlu Zaif, Figen, 2012:10).

Yatırıma Katkı Oranı: %25

Kurumlar Vergisi İndirim Oranı: %60

Yatırıma Katkı Tutarı = Sabit Yatırım Tutarı x Yatırıma Katkı Oranı

15.000.000,00 x %25 = <u>3.750.000,00 TL</u>

Uygulanacak Kurumlar Vergisi = Kurumlar Vergisi Oranı x Kurumlar Vergisi İndirim Oranı

%20 x %60 = %12

%20 - %12 = <u>%8</u>

Yatırım Teşviki olmasaydı, 3.000.000,00 x %20 = 600.000,00 TL vergi ödenecekti.

İndirimli Kurumlar Vergisi uygulaması ile 3.000.000,00 x %8 = 240.000,00 TL vergi ödemesi yapılacaktır.

İndirimli Kurumlar Vergisi uygulaması ile 600.000,00 TL yerine 240.000,00 TL vergi tahsili gerçekleşecektir. 360.000,00 TL tahsilinden

[11] Bilanço, belirli bir tarih itibariyle işletmenin varlık ve kaynaklarını raporlayan bir tablodur.

vazgeçilen vergi tutarıdır. İndirimli Kurumlar Vergisi Oranı (%8), Yatırıma Katkı Tutarı olarak hesaplanan 3.750.000,00 TL ulaşılıncaya kadar uygulanmaya devam edilecektir. Sonraki dönemlere devreden, 3.750.000,00 - 360.000,00 = 3.390.000,00 TL indirimli kurumlar vergisi matrahı bulunmaktadır.

2012/3305 sayılı BKK Vergi İndirimi başlıklı 15'inci maddesinde indirimli kurumlar vergisinden büyük ölçekli yatırımlar, bölgesel teşvik uygulamaları kapsamında gerçekleştirilecek yatırımlar ve Stratejik yatırımlar için uygulanacağı belirtilmiş (6) fıkrasında;

> Arazi, arsa, royalti, yedek parça ve amortismana tâbi olmayan diğer harcamalar ile 5520 sayılı Kanun gereği finans ve sigortacılık konularında faaliyet gösteren kurumlar, iş ortaklıkları, 4283 sayılı Yap-İşlet Modeli ile Elektrik Enerjisi Üretim Tesislerinin Kurulması ve İşletilmesi ile Enerji Satışının Düzenlenmesi Hakkında Kanun ve 3996 sayılı Bazı Yatırım ve Hizmetlerin Yap-İşlet-Devret Modeli Çerçevesinde Yaptırılması Hakkında Kanun kapsamında gerçekleştirilen yatırımlar ve rödovans sözleşmesine bağlı olarak yapılan yatırımlar vergi indirimi desteğinden yararlanamayacağı,

düzenlenmesi ile yenilenebilir enerji yatırımcıları indirimli kurumlar vergisi uygulanmak suretiyle yatırımların Devlet'çe desteklenmesini sağlayan bu teşvik den faydalanamamaktadır.

4.2.4 Sigorta Primi İşveren Hissesi Desteği

Sigorta Primi İşveren Hissesi Desteği uygulanacağına ilişkin düzenleme 2012/3305 sayılı Yatırımlarda Devlet Yardımları Hakkında Kararın 12'inci maddesinde yer almaktadır. 5510 sayılı Sosyal Sigortalar ve Genel Sağlık Sigortası Kanunu kapsamında yatırımcıların işveren sıfatıyla emrinde hizmet akdiyle çalışanları SGK'ye bildirme yükümlülükleri vardır. Çalışanların brüt kazancının belirli bir yüzdesi olarak hesaplanan sigortalı hissesi prim tutarları ile kendi hisselerine isabet eden Sigorta Primi işveren Hissesi prim tutarlarını SGK'ya ödemektedirler.

Tablo 4.3: Hizmet akdine tabi olanlar açısından prim oranları (5510 sayılı kanunun 4/1 (a) bendi kapsamında olanlar).

Sigorta Kolu	İşveren Payı (%)	Çalışan Payı (%)	Toplam (%)
Malüllük, Yaşlılık ve Ölüm	11	9	20
Kısa Vadeli Sigorta Kolları	2	-	2
Genel Sağlık Sigortası	7,5	5	12,5
İşsizlik Sigortası	2	1	3
TOPLAM	22,5	15	37,5

Sigorta Primi İşveren Hissesi Desteği, bölgesel, büyük ölçekli ve stratejik yatırımlarda belge konusu yatırımla sağlanan ilave istihdam için yatırımcı tarafından ödenmesi gereken sigorta primi işveren hissesinin asgari ücrete isabet eden kısmının belirli bir süre için Ekonomi Bakanlığı tarafından karşılanmasıdır.

Tablo 4.4: Büyük ölçekli ve bölgesel teşvik uygulamaları kapsamında desteklenen yatırımlarda süre.

Bölgeler	31/12/2014 tarihine kadar(bu tarih dâhil) başlanılan yatırımlar	01/01/2015 tarihinden itibaren başlanılan yatırımlar
1	2 yıl	-
2	3 yıl	-
3	5 yıl	3 yıl
4	6 yıl	5 yıl
5	7 yıl	6 yıl
6	10 yıl	7 yıl

Stratejik yatırımlar için bu destek 6'ncı bölgede on yıl, diğer bölgelerde yedi yıl süreyle uygulanır.

Tablo 4.5: Bölgesel ve büyük ölçekli yatırımlarda, sigorta primi işveren hissesi desteği, sabit yatırım tutarının tabloda belirtilen oranlarını geçemez.

Bölgeler	Bölgesel Teşvik Uygulamaları	Büyük Ölçekli Yatırımlar
	Sigorta Primi İşveren Hissesi Desteğinin Sabit Yatırım Tutarına Oranı (%)	Sigorta Primi İşveren Hissesi Desteğinin Sabit Yatırım Tutarına Oranı (%)
1	10	3
2	15	5
3	20	8
4	25	10
5	35	11
6	50	15

Stratejik yatırımlarda sigorta primi işveren hissesi desteğinin miktarı, bölge ayrımı yapılmaksızın sabit yatırım tutarının %15'ini geçemez.

Yatırımcıların, sigorta primi işveren hissesi desteğinden yararlanabilmesi için Ekonomi Bakanlığı tarafından düzenlenen Yatırım Teşvik Belgesine sahip olmaları, kayıtlı destek unsurları içerisinde sigorta primi işveren hissesinin belirtilmiş ve söz konusu teşvik belgesinin yatırım tamamlama vizesinin yapılmış olması gerekmektedir.

Yatırım tamamlama ekspertizini yapan Kuruluşun destek uygulamasının başlaması için gerekli olan bilgileri Teşvik Uygulama ve Yabancı Sermaye Genel Müdürlüğünden görevlendirilmiş Daireye bildirmesi gerekmektedir. Bu aşamada yatırımcının herhangi bir başvuruda bulunması gerekmemekte olup, tamamlama vizesinin yapılmasının ardından destekten yararlanacak firmalara ilişkin bilgiler Ekonomi Bakanlığı tarafından Sosyal Güvenlik Kurumuna elektronik ortamda bildirildiği tarihi takip eden aybaşından itibaren uygulanmaya başlar.

Örnek: 4'üncü bölgede 4.500.000,00 TL sabit yatırım tutarı ile Kasım/2014'te yatırım tamamlama vizesi alınmış ve ilave 40 kişi istihdam edilmiştir. Yatırım Teşvik Belgesi kapsamında sağlanan avantaj tutarı nedir?

Sigorta Primi İşveren Hissesi Desteği Tutarı = (İlave İstihdam) x (Süre)[12] x (Sigorta Primi İşveren Payı)[13]

[12] Süre, 4'üncü bölgede öngörülen destek süresinin "ay" cinsinden ifadesidir.

= 40 işçi x 72 ay x 232,47 TL

= 669.513,60 TL

Bölgesel teşvik uygulamaları kapsamında yararlanılacak Sigorta Primi İşveren Hissesi Desteği Sabit yatırım tutarının %25'i geçemez.

4.500.000,00 x %25 = 1.125.000,00 TL

Büyük ölçekli yatırımlar kapsamında yararlanılacak Sigorta Primi İşveren Hissesi Desteği Sabit yatırım tutarının %10'u geçemez.

4.500.000,00 x %10 = 450.000,00 TL

Sigorta Primi işveren Hissesi Desteği, teşvik belgesi kapsamı yatırımla sağlanan ilave istihdam için ödenmesi gereken sigorta primi işveren hissesinin asgari ücrete tekabül eden kısmı 669.513,60 TL Ekonomi Bakanlığı tarafından karşılanmıştır. Sigorta Primi İşveren Hissesi Desteği ile işletme döneminde iş gücü maliyetlerinin azaltılması yönünde destek sağlanmıştır. Faydalanılacak tutarlara getirilen sınırlama (Tablo 4.5) neticesinde bu yatırım; bölgesel teşvik uygulamaları kapsamında, hesaplanan Sigorta Primi İşveren Hissesinin tamamını destek olarak alınabilecek, büyük ölçekli yatırımlar kapsamında, hesaplanan Sigorta Primi İşveren Hissesi, belirlenen 450.000,00 TL sınırı aştığından primin 219.513,60 TL'si yatırımcı tarafından karşılanacaktır.

4.2.5 Faiz Desteği

Faiz Desteği uygulanacağına ilişkin düzenleme 2012/3305 sayılı Yatırımlarda Devlet Yardımları Hakkında Kararın 11'inci maddesinde yer almaktadır. Talep edilmesi halinde, bölgesel teşvik uygulamaları ve stratejik yatırımlar ile AR-GE ve çevre yatırımları kapsamında desteklerden yararlanacak yatırımlar için bankalardan kullanılacak en az bir yıl vadeli yatırım kredilerinin teşvik belgesinde kayıtlı sabit yatırım tutarının % 70'ine kadar olan tutar için ödenecek faizin veya kâr payının Tablo 4.6'da belirtilen oranlarda azami ilk beş yıl için ödenmek şartıyla Ekonomi Bakanlığı tarafından karşılanması ile sağlanan destektir.

[13] 2014 yılı ikinci dönem için geçerli olan tutar (5510 sayılı Kanunun 81'inci maddesinin birinci fıkrasının (ı) bendinde yer alan, 5 puanlık prim indirimi dikkate alınmamıştır).

Tablo 4.6: 2012/3305 BKK bölgesel teşvik kapsamında uygulanacak faiz desteği oranları ve azami destek tutarları.

Bölgeler	TL Kredisi	Döviz Kredisi	Azami Destek Tutarı
3	3 Puan	1 Puan	500.000,00 TL
4	4 Puan	1 Puan	600.000,00 TL
5	5 Puan	2 Puan	700.000,00 TL
6	7 Puan	2 Puan	900.000,00 TL

Tablo 4.7: AR-GE ve çevre yatırımları ile stratejik yatırımlar için uygulanacak oranlar ve ödenecek azami tutarlar.

Bölgeler	Yatırım Cinsi	TL Kredisi	Döviz Kredisi	Azami Destek Tutarı
Tüm Bölgeler	AR-GE ve Çevre Yatırımları	5 Puan	2 Puan	500.000,00 TL
	Stratejik Yatırımlar	5 Puan	2 Puan	Sabit Yatırım Tutarını %5 aşmamak kaydıyla 50.000.000,00TLgeçemez

Faiz desteğinden faydalanabilmek için Ekonomi Bakanlığına başvuruda bulunularak Yatırım Teşvik Belgesi alınır. Yatırım teşvik belgesinde "Yatırımın Yararlanacağı Destek Unsurları" kısmında Faiz Desteği öngörülmüş olmalıdır.

Yatırımcılar, yatırım süresi içerisinde teşvik belgesi kapsamında gerçekleştirilecek harcamalar için kredi kullanmak amacıyla protokol imzalayan Bankalardan birine müracaat ederler. Banka tarafından kredi talebi değerlendirilir "anlaşma bilgileri" ve "itfa planı" hazırlanır. Anlaşma bilgileri ve itfa planında, faiz desteği uygulamasına esas olacak kredi miktarı, sabit yatırım tutarının %70'ini geçemez ve asgari altı ay anapara ödemesiz olup, faiz geri ödemeleri Mart, Haziran, Eylül ve Aralık aylarının yirmi birini izleyen ilk is gününe rastlayacak şekilde belirlenir. Faiz desteğine konu yatırım için kullandırılan kredilere ilişkin faiz desteği uygulaması, itfa planı belirtilen şekilde hazırlandıktan sonra Bakanlığa gönderilmesiyle başlar. Ödeme planı ilk vade tutarlarının yatırımcı tarafından ödenmesi ve SGK ve vergi borcu bulunmadığının tevsiki halinde Ekonomi bakanlığı tarafından faiz desteği tutarı Türkiye Cumhuriyet Merkez Bankası aracılığı ile Banka Genel Müdürlüğüne aktarılır ve Bankaya faiz desteği ödemesine ilişkin liste gönderilir. Bakanlıkça aktarımın gerçekleştiği günü takip eden ilk iş günü yatırımcının kredi kullandığı şubedeki mevduat hesabına ilgili banka tarafından yatırılmak zorundadır.

Örnek: 6'ncı bölgede, sabit yatırım tutarının 9.000.000,00 TL olması durumunda, 6.300.000,00TL ilk 6 ayı anapara ödemesiz, 6 ayda bir ödemeli 5 yıl vadeli kredi kullanılmak isteyen yatırımcıya sağlanan faiz desteği tutarı nedir?

1) Yatırım Teşvik Belgesi kapsamında TL cinsi kredi için 7 Puan destek öngörülmüş yararlanılacak azami tutar ise 900.000,00 TL'dir.
2) Teşvik kapsamında faiz desteğinden yararlanabilecek maksimum kredi miktarı (9.000.000,00TL x %70) olarak belirlenmiştir.
3) Örnek, uygulamaya yönelik işlemleri aktarmaya yöneliktir. Kredi başvuru tarihi ve vadelere yer verilmemiştir.

İlk altı ay için verilecek faiz desteği hesaplaması;

Faiz = Anapara x Faiz x Gün Sayısı (6.300.000,00 x 7 x 180)/36.000 = 220.500,00

Diğer 6 aylık dönemler için ödemesi yapılan anapara çıkarılarak kalan anapara üzerinden hesaplama yapılmıştır [(6.300.000,00-700.000,00) x 7 x 180]/36.000 =196.000,00

Taksit No	Süre	Yatırımcıya Sağlanan Faiz Desteği
1	6 Ay	220.500,00
2	12 Ay	196.000,00
3	18 Ay	171.500,00
4	24 Ay	147.000,00
5	30 Ay	122.500,00
6	36 Ay	98.000,00

Faiz desteği tutarı 36. ayda yapılan ödeme ile öngörülen 900.000 TL azami tutarı aşacağından 98.000,00 TL'nin 42.500,00 TL'si yatırımcıya ödenerek destek bu noktada sonlandırılmaktadır.

4.2.6 Sigorta Prim Desteği (İşçi Payı)

Sigorta Primi İşçi Payı Desteği uygulanacağına ilişkin düzenleme 2012/3305 sayılı Yatırımlarda Devlet Yardımları Hakkında Kararın 13'üncü maddesinde yer almaktadır. 5510 sayılı Sosyal Sigortalar ve Genel Sağlık Sigortası Kanunu kapsamında işverenler çalışanların brüt kazancının belirli bir yüzdesi olarak hesaplanan sigorta prim tutarlarını SGK bildirip ödemekle yükümlüdürler. Sigorta Prim Desteği, 6. Bölgede gerçekleştirilecek yatırımlar için düzenlenen teşvik belgesi kapsamı yatırımlarla sağlanan ilave istihdam için yatırımcı tarafından Sosyal Güvenlik Kurumuna ödenmesi gereken sigorta primi işçi hissesinin asgari ücrete tekabül eden kısmının Ekonomi Bakanlığı tarafından karşılanmasıdır. Sigorta Prim desteğinden sadece 6. Bölgede gerçekleştirilen Bölgesel, Büyük Ölçekli ve Stratejik yatırımlar yararlanabilmektedir. Sigorta Primi Desteğine ilişkin tutar bakımından herhangi bir üst sınır bulunmamakla birlikte, uygulama süresi 10 yıldır.

Yatırımcıların sigorta primi desteğinden yararlanabilmesi için Ekonomi Bakanlığı tarafından düzenlenen Yatırım Teşvik Belgesine sahip olmaları, kayıtlı destek unsurları içerisinde sigorta primi desteğinin kayıtlı olması ve söz konusu teşvik belgesinin yatırım tamamlama vizesinin yapılmış olması gerekmektedir. Sigorta Primi desteği uygulanmasına, teşvik belgesinin tamamlama vizelerinin yapılmasının ardından, destekten yararlanacak olan işletmelere ilişkin bilgilerin Bakanlık tarafından Sosyal Güvenlik Kurumuna elektronik ortamda bildirildiği tarihi takip eden aybaşından itibaren başlanılabilir.

Örnek: 6'ncı bölgede, Büyük Ölçekli yatırım kapsamında Ekim/2014'te yatırım tamamlama vizesi alınmış ve ilave 50 kişi istihdam edilmiştir. Yatırım Teşvik Belgesi kapsamında sağlanan destek tutarı nedir?

Sigorta Primi Desteği Tutarı = (İlave İstihdam) x (Süre)[14]* x (Sigorta Primi İşçi Payı)[15]

= 50 işçi x 120 ay x 149,94 TL

= 899.640,00 TL

---

[14] Süre, bölgede öngörülen destek süresinin (10 yıl) "ay" cinsinden ifadesidir.

[15] 2014 yılı ikinci yarısı için geçerli olan SGK Prim İşçi Payı

Sigorta Primi İşçi Payı Desteği ile işletme döneminde iş gücü maliyetlerinin azaltılması yönünde yatırımcıya 899.640,00 TL destek sağlanmıştır.

4.2.7 Gelir Vergisi Stopajı Desteği

Gelir Vergisi Stopajı Desteği, uygulanacağına ilişkin düzenleme 2012/3305 sayılı Yatırımlarda Devlet Yardımları Hakkında Kararın 14'üncü maddesinde yer almaktadır. İşveren vergi sorumlusu sıfatıyla çalışanlara maaş ödemesi yapmadan önce gelir vergisini keserek yasal süresi içerisinde muhtasar beyannamesi ile bağlı olduğu vergi dairesine ödemekle yükümlüdür. Gelir Vergisi Stopajı Desteği, 6. Bölgede gerçekleştirilecek tüm yatırımlar için düzenlenen teşvik belgesi kapsamı yatırımlarla sağlanan ilave istihdam için ödenmesi gereken gelir vergisi stopajının asgari ücrete tekabül eden kısmının terkin[16] edilmesidir. Ekonomi Bakanlığı tarafından düzenlenen yatırım teşvik belgeleri kapsamında; Gelir Vergisi Kanunun Geçici 80'inci maddenin yürürlüğe girdiği 1/7/2012 tarihinden itibaren 31/12/2023 tarihine kadar gerçekleşen yatırımlarda, yatırımın kısmen veya tamamen işletilmesine başlanılan tarihten itibaren üst sınır bulunmamakta birlikte, 10 yıl süreyle yararlanılması mümkündür. 31/12/2023 tarihinde kısmen veya tamamen işletilmesine başlanılan bir yatırım için teşvik en son 31/12/2033 tarihine kadar uygulanacaktır.

Yatırımcıların gelir vergisi stopajı desteğinden yararlanabilmesi için Ekonomi Bakanlığınca düzenlenen Yatırım Teşvik Belgesine sahip olmaları ve kayıtlı destek unsurları içerisinde gelir vergisi stopajı desteği olması gerekmektedir.

Gelir vergisi stopajı teşvikinden yararlanmak isteyen mükelleflerin, muhtasar beyanname ekinde teşvik kapsamında istihdam edilen ücretlilere ilişkin bilgileri ve bir defaya mahsus olmak üzere teşvik belgesinin tasdikli örneğini Vergi Dairesine vermeleri gerekmektedir.

---

[16] Verginin terkini, mükellefler yönünden amme borcundan kurtulma, idare yönünden ise; amme alacağından vazgeçmedir.

Örnek: 6'ncı bölgede Ekonomi Bakanlığınca onaylanmış teşvik belgesi kapsamında gerçekleştirilen ve 190 kişi istihdam edilen yatırımın işletilmesine 2014 yılında başlanılmıştır. Fiilen istihdam edilen 190 işçinin ücretleri üzerinden hesaplanan gelir vergisi stopajı tutarı 40.00,00 TL olup asgari geçim indirimi bordrosunda bu işçiler için hesaplanan asgari geçim indirimi tutarı ise 20.000,00 TL'dir (Asgari geçim indirimi çalışanların medeni durumu ve çocuk sayısına göre farklılık gösterebilir. 20.000,00 TL ve 40.000,00 TL varsayımdır). Bu verilere göre, (A) Ltd. Şti.'nin 200 işçi için yararlanacağı terkin tutarı şöyle hesaplanacaktır:

a) Ücretler üzerinden hesaplanan gelir vergisi 40.000 TL
b) Asgari ücret üzerinden hesaplanan gelir vergisi (190 x 136,55)[17] 25.945 TL
c) Hesaplanan asgari geçim indirimi 20.000 TL
d) Geçici 80'inci madde kapsamında terkin edilebilecek tutar (25.945-20.000) 5.945 TL
e) Vergi dairesine ödenecek tutar [40.000-(20.000+5.945)] 14.055 TL

Teşvik kapsamında, asgari ücret üzerinden hesaplanan vergi tutarından, asgari geçim indirimi tutarının mahsubu sonucu kalan tutar, Gelir Vergisi Kanunun Geçici 80'inci maddesi uyarınca ilgili ay verilen muhtasar beyanname de bildirilerek terkin edilecek tutar olacaktır. 5.945,00 TL'nin tahsilinden vazgeçilmiştir.

Ücretler üzerinden tevkif edilen vergi tutarından, asgari geçim indirimi ile Gelir Vergisi Kanunun Geçici 80'inci madde uyarınca terkin edilecek tutarın toplamının düşülmesinden sonra kalan tutar vergi dairesine ödenecektir.

4.2.8 Yatırım Yeri Tahsisi

Yatırım Yeri Tahsisi uygulanacağına ilişkin düzenleme 2012/3305 sayılı Yatırımlarda Devlet Yardımları Hakkında Kararın 16'ncı maddesinde yer almaktadır. Yatırım Teşvik Belgesi düzenlenmiş büyük ölçekli yatırımlar, stratejik yatırımlar ve bölgesel desteklerden yararlanacak yatırımlar için,

[17] 1/1/2014 tarihinden itibaren geçerli olan asgari ücret üzerinden hesaplanan gelir vergisi esas alınmıştır.

29/6/2001 tarihli ve 4706 sayılı Kanunun ek 3'üncü maddesi ve Maliye Bakanlığınca belirlenen usul ve esaslar çerçevesinde, yatırımın yapılacağı ilde yatırıma uygun arazi-arsa olması halinde ihale yoluyla yatırım yeri tahsis edilebilir.

Destek, ilk yıl için taşınmazın emlak vergi değerinin en fazla %3'ü oranında takdir edilen bedel, ikinci ve müteakip yıllar için ise cari yıl bedelinin ÜFE oranında artırılması suretiyle hesaplanan bedel karşılığında, taşınmaz üzerinde 49 yıl süreyle irtifak hakkı veya kullanım izni verilmesi seklinde uygulanmaktadır. Ancak, ilk 3 yıl için ödemeler hesaplanan değerin %30'u oranında alınmaktadır.

Tablo 4.8: Taşınmazın yatırım yerine göre belirlenen yıllık ödemelerinde esas alınacak oranlar (www.ekonomi.gov.tr/portal/content/conn/UCM/path/Contribution%20Folders/web/Yat%c4%b1r%c4%b1m/Yat%c4%b1r%c4%b1m%20Te%c5%9fvik%20Sistemi/ekler/TesvikUygulamaRehberi. pdf?lve E.T.02/01/2015)

Bölge	Taşınmaz Emlak Vergi Değerinin %(Yıllık)
1	%3'ü
2	%2,5'i
3	%2'si
4	%1,5'i
5	%1'i
6	%0,5'i

Yatırımcının, yatırım teşvik belgesi almak için Ekonomi Bakanlığına müracaat etmesi ve Bakanlıkça düzenlenen belgede yatırım yeri tahsisi desteğinin öngörülmüş olması gerekmektedir.

Kamu idaresi tarafından ilan edilen alanların yatırımlara tahsis edilmesi amacıyla ilgili idareye yapılan başvurular, taşınmazın bulunduğu il valisinin başkanlığında oluşturulan komisyon tarafından değerlendirilmektedir. Komisyon, sunulan bilgi ve belgelerden yatırım projesinin özelliklerini dikkate alarak tahsis işleminin uygun olup olmadığına karar vermektedir. Uygun bulunması halinde konu ilgili idare tarafından yatırımcıya tebliğ edilir. Bu durumda taşınmazın durumuna göre yatırımcı ile ön izin, kullanma hakkı veya irtifak hakkı sözleşmesi imzalanacaktır.

2012/3305 sayılı Yatırımlarda Devlet Yardımları Hakkında Kararın 15'inci maddesinin altıncı fıkrasında belirtilen enerji yatırımlarına yatırım yeri tahsis edilmeyeceği bu maddenin 2'nci fıkrasında hüküm altına alınmıştır. Başlangıç maliyetlerinin düşürülmesi ile ilgili bu destek den faydalanılmamaktadır.

4.2.9 KDV İadesi

KDV İadesi, uygulanacağına ilişkin düzenleme 2012/3305 sayılı Yatırımlarda Devlet Yardımları Hakkında Kararın 10'uncu maddesinin 2'nci fıkrasında yer almaktadır. 3065 sayılı KDV Kanunun Geçici 30'uncu maddesine getirilen 31/12/2023 tarihine kadar uygulanmak üzere, yatırım teşvik belgeleri kapsamında asgari 500 milyon Türk Lirası tutarında sabit yatırım öngörülen stratejik yatırımlara ilişkin inşaat işleri nedeniyle yüklenilen ve takvim yılı sonuna kadar indirim yoluyla telafi edilemeyen katma değer vergisi, izleyen yıl talep edilmesi halinde belge sahibi mükellefe iade olunur. Hükmü kapsamında uygulanır.

KDV İadesi desteğinden yararlanabilmek için Ekonomi Bakanlığı tarafından "stratejik yatırımların teşviki uygulaması" kapsamında düzenlenmiş Yatırım Teşvik Belgesine sahip olmak ve kayıtlı destek unsurları içerisinde KDV İadesi desteğinden faydalanılacağı belirtilmiş olmalıdır. Bu destek unsurunun Belgede kayıtlı destek unsurları arasında yer alabilmesi için sabit yatırım tutarının 500 Milyon TL'nin üzerinde olması gerekmektedir.

KDV İadesi uygulaması, sabit yatırım tutarı 500 milyon Türk Lirasının üzerindeki Stratejik Yatırımlar kapsamında gerçekleştirilen bina-inşaat harcamaları için ödenen KDV'nin iade edilmesidir. Sınırlı tutulan bir destektir.

Örnek: Stratejik Yatırım kapsamında toplam sabit yatırım değeri 500.000.000 TL tutarındaki bir yatırımın %30'luk kısmı bina-inşaat harcamasından oluşmaktadır. Yatırımcıya sağlanan teşvik tutarı nedir?

Toplam Bina- İnşaat Harcaması = 500.000.000,00 x %30 = 150.000.000,00 TL

KDV İadesi Tutarı = (Bina-İnşaat Harcama Tutarı) x (Bina-İnşaat Harcamaları KDV Oranı)

= 150.000.000 TL x %18

= 27.000.000 TL

* Bina-İnşaat harcamaları için belirlenen KDV oranı %18'dir.

KDV istisnası destek unsurundan farklı olarak, yatırımcı bina ve inşaat harcamalarını KDV ödeyerek yapar. Yüklenilen ve takvim yılı sonuna kadar indirim yoluyla telafi edilemeyen katma değer vergisi ise harcamanın yapıldığı yılı izleyen yıl teşvik belge sahibi mükellefe Maliye Bakanlığınca belirlenecek usul ve esaslar çerçevesinde iade edilir. Örnek üzerindeki stratejik yatırım içerisinde bina-inşaat harcamalarının önemli bir yer tuttuğu göz önüne alındığında, bu kapsama giren yatırımlar için oldukça önemli bir finansman imkânı sağlanmaktadır.

Elektrik üretimine yönelik enerji yatırımları, stratejik yatırımların teşviki uygulamaları kapsamında değerlendirilmemektedir. Ancak, stratejik yatırımın kendi ihtiyacını karşılamak üzere yapılacak doğal gaza dayalı olmayan enerji üretimi yatırımı, stratejik yatırım içerisinde kabul edilecektir.

4.3 Yenilenebilir Enerji Kaynaklarına Dayalı Elektrik Üretimi Yatırımı

Yenilenebilir enerji kaynaklarına dayalı elektrik üretimi faaliyetinde bulunmak isteyen yatırımcının yüksek derecede finans gücü olması gerekmektedir. Öncelikle tesis alanı, kamulaştırma gerektiriyorsa, EPDK'ya üretim faaliyeti için yapılan önlisans ve üretim lisansı başvurularında sağlanması gereken sermaye yükümlülüğü ve sunulması gereken banka teminat mektubu tutarları ile tesisin kuruluşundaki belirlenmiş inşaat süreleri dikkate alındığında başlangıç maliyetleri bakımından diğer yatırımlardan farklı olduğu anlaşılmaktadır.

Enerji piyasasında faaliyet göstermek isteyen yatırımcıların öncelikli hedefi karlılıktır. Yatırım sürecinde, maliyetleri karşılamak için ihtiyaç duyulan sermaye miktarının yüksek olmasının yanında prosedür yükümlülükleri fazla ve karmaşıktır. Diğer yandan işletmeye geçilmesi ile birlikte elektrik üretimi; yerel, doğada var olan ve kendini yenileyebilen kaynaktan sağlandığı için üretim maliyetleri, başlangıç maliyetlerine oranla daha düşüktür.

Ülkelerin kalkınmalarında enerji sektörü öncelikli unsurdur. Nüfus artışı, endüstriyel ve teknolojik gelişmeler dikkate alındığında, ihtiyaç duyulan enerjiyi karşılamak için enerji politikalarında isabetli kararlar alınması gerekmektedir. Ekonomik ve politik alanda katacağı değer ile birlikte, sürdürülebilir gelecek için yenilenebilir enerjinin her geçen gün önemi artmaktadır. Son yıllarda doğalgaza dayalı tesislerin toplam kapasitelerinin Türkiye'nin toplam kurulu güç kapasitesi içerisindeki payı hızla artarken, hidroliğin de içinde yer aldığı yenilenebilir enerji kaynaklarının ülkedeki toplam kurulu gücü içindeki payının düşmekte olduğu görülmektedir. Yeni yenilenebilirler olarak bilinen güneş, rüzgâr, jeotermal ve biyokütle santrallerinin sayısının ülkemizde son yıllarda hızla artmasına rağmen, bunların Türkiye'nin toplam kurulu gücü içindeki payları hâlâ çok sınırlı kalmaktadır.

Enerji sektöründeki küresel eğilimler yenilenebilir enerji yatırımlarının hızla arttırılması yönündedir. Yenilenebilir enerji yatırımlarını özendirmek, yatırım sürecini hızlandırmak adına Devlet tarafından sağlanan teşvikler cazip olduğu takdirde özel sektör yatırımcıları enerji piyasasına dâhil olacaklardır. Yenilenebilir enerji yatırımlarına Teşvik belgesi kapsamında öngörülen gümrük vergisi muafiyeti ve KDV istisnası sektörel bazda çok yetersizdir. Yürürlükte bulunan 2012/3305 sayılı Yatırımlarda Devlet Yardımları Hakkında Karara İlişkin olarak Ekonomi Bakanlığı tarafından verilen Teşvik Belgeleri istatistiklerine bakıldığında yenilenebilir enerji yatırımlarında etkin bir artış görülmemesinin nedeni diğer yatırımlara uygulanan teşvik unsurlarının enerji yatırımları için öngörülmemesidir.

Tablo 4.9: (20/06/2012 – 11/2014) tarihleri arasında düzenlenen yatırım teşvik belgelerinin sektörlere göre dağılımı (yatırım teşvik bülteni Kasım 2014 verileri) http://www.ekonomi.gov.tr/portal/faces/home/yatirim/istatistiklerYayinlar?_afrLoop=543343100551061&_afrWindowMode=0&_afrWindowId=cksox74ha_301#!%40%40%3F_afrWindowId%3Dcksox74ha_301%26_afrLoop%3D543343100551061%26_afrWindowMode%3D0%26_adf.ctrl-state%3Dcksox74ha_339 (E.T 02/01/2015).

Sektörler	Belge Adedi	Sabit Yatırım (Milyon TL)	İstihdam (Kişi)
Enerji	525	49.368	8.985
Hizmetler	3264	50.545	174.892
İmalat	6625	76.552	212.171
Madencilik	610	11.201	20.605
TOPLAM	11.024	187.667	416.653

Tablo 4.10: Ocak – Kasım dönemi (2012-2013-2014) enerji sektörü yatırım teşvik belgesi.

Yıl	Belge Adedi	Sabit Yatırım (Milyon TL)	İstihdam (Kişi)
2012	181	11.063	3.320
2013	165	18.682	3.482
2014	237	9.758	2.128

Tablo 4.11: Ocak- Kasım/2014 kaynak bazında düzenlenen yatırım teşvik belgesi (adet).

	Belge Sayısı	HES	GES	RES	JES	BES
Ocak	15	6	5	3	1	-
Şubat	15	4	3	5	-	-
Mart	14	4	5	2	-	2
Nisan	21	3	10	6	-	1
Mayıs	15	4	4	4	2	-
Haziran	20	3	10	7	-	-
Temmuz	24	4	9	5	1	3
Ağustos	27	1	21	1	3	1
Eylül	39	1	25	9	-	1
Ekim	21	-	17	2	1	-
Kasım	26	3	16	4	1	-
TOPLAM	237	33	124	48	9	8

Tabloda yer alan veriler, Ekonomi Bakanlığı'nın yatırımlara ilişkin İstatistikler ve Yayınlar Başlıklı bölümünden (Ocak-Kasım) 2014 yılı Resmi Gazete de yayımlanan Yatırım Teşvik Belgesi Listesinden ayrıştırılmıştır (www.ekonomi.gov.tr/portal/faces/home/yatirim/istatistiklerYayinlar?_afrLoop =149279827371953&_afrWindowMode=0&_afrWindowId=new21co7p_267#! %40%40%3F_afrWindowId%3Dnew21co7p_267%26_afrLoop%3D149279827

371953%26_afrWindowMode%3D0%26_adf.ctrl-state%3Dnew21co7p_317 (E.T.02/01/2015). Listede, enerji sektörü kapsamında 237 adet belge düzenlenmiş, 222 adedi yenilenebilir enerji kaynaklarına dayalı yatırımlar olup, kalan 15 adet belge doğal gaz, kömür ve sondaj yatırımlarıdır. Belirtilen dönemde Yabancı Sermaye nitelikli yatırımcılar adına düzenlenen Yatırım Teşvik Belgeleri bulunmaktadır. Listede yer alan veriler doğrultusun da yabancı sermaye yatırımları arasında 2 GES, 1 HES, 2 JES ve 3 Jeotermal Sıcak Su İstihracı faaliyeti bulunmaktadır.

Yabancı sermaye yatırımları, bir ülkede bir firmayı satın almak veya yeni kurulan bir firma için kuruluş sermayesini sağlamak ya da mevcut bir firmanın sermayesini arttırmak yoluyla o ülkede bulunan firmalar tarafından diğer bir ülkede bulunan firmalara yapılan ve kendisiyle birlikte teknoloji, işletmecilik bilgisi ve yatırımcının kontrol yetkisini de beraberinde getiren yatırımdır. Ülkeler arasında sermaye transferlerinin bir piyasa işlemi olmadan bir ülkeden diğerine aktarılması şeklinde gerçekleşmektedir (Karluk, Rıdvan,1983:14).

Yatırımlarda Devlet Yardımları Hakkında Kararın Uygulanmasına İlişkin yayımlanan 2012/1 numaralı tebliğ de, yurt dışındaki yabancı şirketlerin Türkiye'deki şubelerinin Yatırımlarda Devlet Yardımları Hakkında Karar'da belirtilen şartları sağlamaları halinde Yatırım Teşvik Belgesi talebinde bulunarak, yerli yatırımcılara uygulanan destek unsurlarından faydalanabilecekleri yer almaktadır.

Türkiye'de sürdürülen yenilenebilir enerji yatırımları içinde yabancı sermaye payının çok düşük olmasında, devlet tarafından sağlanan desteklerin bu sermayeyi ülke ekonomisine kazandırılmasında etkili olamaması önemli bir neden olarak gösterilebilir. Yerli ve yabancı sermaye yatırımlarına uygulanacak teşvikler ölçüsünde yatırımcıya finans kaynağı yaratılmışken, devletin tahsilinden vazgeçtiği vergi bütçe gelirlerini azaltıcı yönde etkileyecektir. Enerji Politikaları kapsamında uygulanan kararlar değerlendirildiğinde yenilenebilir enerji yatırımlarının bütçe üzerinde olumlu ve olumsuz etkilerinin bir arada oluştuğu görülmektedir.

Vergi teşvikleri yatırımların ülkeye gelmesinde oldukça etkili olsa bile kamu finansmanı açısından bir maliyeti vardır. İlk ve doğrudan maliyeti yatırım yapılan ülkede gelir kaybına neden olmasıdır. Bu konudaki tartışmalarda üzerinde durulan konu, yeni yabancı yatırımcının teşviklerin olmadığı veya düşük olduğu durumda gelip gelmeyeceğini belirlemektir (Subaşı Ertekin, Meriç, 2008:186).

Türkiye, enerji ithalatına alternatif yenilenebilir enerji kaynakları bakımından zengin bir ülkedir. Son yıllarda yatırımlarda artış görülmesine rağmen toplam kurulu gücü içindeki payları hâlâ çok sınırlı kalmaktadır. Yüksek finans kaynağı gerektiren bu yatırımlara sağlanan destekler devlet bütçeleri için negatif potansiyele sahiptir. Yerli ve Yabancı sermaye açısından sabit yatırımları destekleyen, maliyetleri paylaşan enerji politikalarının uygulandığı ortamda yatırım kararı almak tercih edilecektir.

4.4 Enerji Mevzuatı Teşvikleri

Yenilenebilir enerji yatırımlarını özendirmek, kaynakların elektrik üretimi içindeki payını arttırmak, yatırım sürecinde ve işletme döneminde yatırımcıyı desteklemek amacıyla enerji mevzuatında teşviklere yer verilmiştir.

4.4.1 5346 Sayılı YEK Kanunda Düzenlenen Teşvikler

1) Bu Kanun kapsamında kamu veya Hazine arazilerinde yenilenebilir enerji kaynak alanlarının kullanımını ve verimliliğini etkileyici imar planları düzenlenememektedir.
2) Bu Kanunun yürürlüğe girdiği 18/5/2005 tarihinden 31/12/2015 tarihine kadar işletmeye girmiş veya girecek YEK Destekleme Mekanizmasına tabi üretim lisansı sahipleri için, bu Kanuna ekli I sayılı Cetvelde yer alan fiyatlar, on yıl süre ile uygulanır. Lisans sahibi tüzel kişilerin bu Kanun kapsamındaki yenilenebilir enerji kaynaklarına dayalı ve 31/12/2015 tarihinden önce işletmeye giren üretim tesislerinde kullanılan mekanik ve/veya elektro-mekanik aksamın yurt içinde imal edilmiş olması halinde; bu tesislerde üretilerek iletim veya dağıtım sistemine verilen elektrik enerjisi için, I sayılı Cetvelde belirtilen fiyatlara, üretim tesisinin işletmeye giriş tarihinden itibaren beş yıl süreyle; bu Kanuna ekli II sayılı Cetvelde belirtilen fiyatlar ilave edilir.

3) Lisans başvuruları değerlendirilirken bağlantı görüşünün oluşturulması aşamasında, bu Kanun kapsamındaki yenilenebilir enerji kaynaklarına dayalı üretim tesislerine öncelik tanınmaktadır.
4) Yenilenebilir enerji kaynaklarını kullanarak sadece kendi ihtiyaçlarını karşılamak amacıyla azami bin kilovatlık kurulu güce sahip izole elektrik üretim tesisi ve şebeke destekli elektrik üretim tesisi kuran gerçek ve tüzel kişilerden kesin projesi, planlaması, master planı, ön incelemesi veya ilk etüdü DSİ veya EİE tarafından hazırlanan projeler için hizmet bedelleri alınmamaktadır.
5) Orman vasıflı olan veya Hazinenin özel mülkiyetinde ya da Devletin hüküm ve tasarrufu altında bulunan taşınmazlardan bu Kanun kapsamındaki yenilenebilir enerji kaynaklarından elektrik enerjisi üretimi yapılmak amacıyla tesis, ulaşım yolları ve şebekeye bağlantı noktasına kadarki enerji nakil hattı için kullanılacak olanlar hakkında Çevre ve Orman Bakanlığı veya Maliye Bakanlığı tarafından bedeli karşılığında izin verilmesi, kiralama yapılması, irtifak hakkı tesis edilmesi veya kullanma izni verilmesi sağlanmıştır. Taşınmazların 25/2/1998 tarihli ve 4342 sayılı Mera Kanunu kapsamında bulunan mera, yaylak, kışlak ile kamuya ait otlak ve çayır olması halinde, 4342 sayılı Mera Kanunu hükümleri uyarınca bu taşınmazlar, tahsis amacı değiştirilerek Hazine adına tescil edilir. Bu taşınmazlara ilişkin olarak, Maliye Bakanlığı tarafından bedeli karşılığında kiralama yapılır veya irtifak hakkı tesis edilir.
6) Bu Kanunun yürürlüğe girdiği 18/5/2005 tarihinden, işletmede olanlar dâhil, 31.12.2015 tarihine kadar işletmeye girecek bu Kanun kapsamındaki yenilenebilir enerji kaynaklarına dayalı üretim tesislerinden, ulaşım yollarından ve lisanslarında belirtilen sisteme bağlantı noktasına kadarki TEİAŞ ve dağıtım şirketlerine devredilecek olanlar da dâhil enerji nakil hatlarından yatırım ve işletme dönemlerinin ilk on yılında izin, kira, irtifak hakkı ve kullanma izni bedellerine yüzde seksen beş indirim uygulanması ve Orman Köylüleri Kalkındırma Geliri, Ağaçlandırma ve Erozyon Kontrolü Geliri alınmaması öngörülmüştür.

7) Bu Kanun kapsamındaki hidroelektrik üretim tesislerinin rezervuar alanında bulunan Hazinenin özel mülkiyetindeki ve Devletin hüküm ve tasarrufu altındaki taşınmaz mallar için Maliye Bakanlığı tarafından bedelsiz olarak kullanma izni verilmektedir.

Milli park, tabiat parkı, tabiat anıtı ile tabiatı koruma alanlarında, muhafaza ormanlarında, yaban hayatı geliştirme sahalarında, özel çevre koruma bölgelerinde ilgili Bakanlığın, doğal sit alanlarında ise ilgili koruma bölge kurulunun olumlu görüşü alınmak kaydıyla yenilenebilir enerji kaynaklarına dayalı elektrik üretim tesislerinin kurulmasına izin verilmektedir.

1) YEK Belgeli üretim tesisleri, 29.06.2001 tarihli ve 4706 sayılı Hazineye Ait Taşınmaz Malların Değerlendirilmesi ve Katma Değer Vergisi Kanununda Değişiklik Yapılması Hakkında Kanunun ek 2'nci maddesi uyarınca alınan %1'lik Hazine payından muaf tutulmuştur.

4.4.2 6446 Sayılı EPK Kanunda Düzenlenen Teşvikler

1) 31/12/2015 tarihine kadar ilk defa işletmeye girecek üretim lisansı sahibi tüzel kişilere, üretim tesislerinin, işletmeye giriş tarihlerinden itibaren beş yıl süreyle iletim sistemi sistem kullanım bedellerinden yüzde elli indirim yapılır.
2) 31/12/2015 tarihine kadar ilk defa işletmeye girecek üretim lisansı sahibi tüzel kişilere, üretim tesislerinin yatırım döneminde, üretim tesisleriyle ilgili yapılan işlemler harçtan ve düzenlenen kâğıtlar damga vergisinden müstesnadır.
3) Orman vasıflı olan veya Hazinenin özel mülkiyetinde ya da Devletin hüküm ve tasarrufu altında bulunan taşınmazlardan; 5346 sayılı Kanun kapsamındaki yenilenebilir enerji kaynaklarına dayalı elektrik üretim tesisleri ile Bakanlık tarafından düzenlenen bir maden işletme ruhsatı ve izni kapsamında, 4/6/1985 tarihli ve 3213 sayılı Maden Kanununun 2'nci maddesinin IV. Grup (b) bendinde yer alan madenlerin girdi olarak kullanıldığı elektrik üretim tesislerinde; tesis, ulaşım yolları ve şebeke bağlantı noktasına kadar ki enerji nakil hattı için kullanılacak olanlar hakkında Orman ve Su İşleri Bakanlığı veya Maliye Bakanlığı

tarafından bedeli karşılığında izin verilir, kiralama yapılır, irtifak hakkı tesis edilir veya kullanma izni verilir. Taşınmazların 25/2/1998 tarihli ve 4342 sayılı Mera Kanunu kapsamında bulunan mera, yaylak, kışlak ile kamuya ait otlak ve çayır olması hâlinde, 4342 sayılı Kanun hükümleri uyarınca bu taşınmazlar, tahsis amacı değiştirilerek Hazine adına tescil edilir. Bu taşınmazlara ilişkin olarak, Maliye Bakanlığı tarafından bedeli karşılığında kiralama yapılır veya irtifak hakkı tesis edilir.

4) Bu Kanunun yayımı tarihi (30/03/2013) itibariyle işletmede olanlar dâhil 31/12/2020 tarihine kadar işletmeye girecek olan 5346 sayılı Kanun kapsamındaki yenilenebilir enerji kaynaklarına dayalı elektrik üretim tesisleri ile bu Kanunun yayımı tarihinden itibaren 31/12/2020 tarihine kadar işletmeye girecek olan Bakanlık tarafından düzenlenen bir maden işletme ruhsatı ve izni kapsamında 3213 sayılı Kanunun 2'nci maddesinin IV. Grup (b) bendinde yer alan madenlerin girdi olarak kullanıldığı elektrik üretim tesislerinden, ulaşım yollarından ve lisanslarında belirtilen sisteme bağlantı noktasına kadarki TEİAŞ ve dağıtım şirketlerine devredilecek olanlar da dâhil enerji nakil hatlarından, ilgili kurum tarafından verilmiş izin tarihinden itibaren yatırım ve işletme dönemlerinin ilk on yılında izin, kira, irtifak hakkı ve kullanma izni bedellerine yüzde seksen beş indirim uygulanır. Bunlardan Orman Köylüleri Kalkındırma Geliri ile Ağaçlandırma ve Erozyon Kontrolü Geliri alınmaz. Bu Kanunun yayımı tarihinden önce kamu kurum veya kuruluşları tarafından elektrik üretim tesisi yapılmak amacıyla ihalesi yapılan ya da sözleşmeye bağlanan maden sahalarında kurulmuş ve kurulacak tesisler bu fıkrada yer alan indirim ve istisnalardan faydalanamaz.

4.4.3 Elektrik Piyasası Lisans Yönetmeliğinde Düzenlenen Teşvikler

1) Yerli doğal kaynaklar ile yenilenebilir enerji kaynaklarına dayalı üretim tesisi kurmak üzere önlisans almak için başvuruda bulunan tüzel kişilerden önlisans alma bedelinin sadece yüzde onu tahsil edilir.

2) Yerli doğal kaynaklar ile yenilenebilir enerji kaynaklarına dayalı üretim tesisi kurmak üzere lisans almak için başvuruda bulunan tüzel kişilerden lisans alma bedelinin sadece yüzde onu tahsil edilir.
3) Yerli doğal kaynaklar ile yenilenebilir enerji kaynaklarına dayalı üretim tesisleri için ilgili lisanslara derç edilen tesis tamamlanma tarihini izleyen ilk sekiz yıl süresince yıllık lisans bedeli alınmaz.

Yenilenebilir enerji yatırımlarına ilişkin mevcut mevzuatlar da yer alan teşvikler üretim maliyetlerinin hafifletilmesine yöneliktir. Sektörün gelişmesi yatırımcıların desteklenme politikalarına bağlıdır. Bu nedenle enerji sektörü içinde yenilenebilir enerji kaynaklarının etkinliğini sağlamak üzere günün koşullarına uygun, gereksinimleri karşılayan mevzuat değişikliklerine ihtiyaç duyulmaktadır. Yenilenebilir enerji yatırımlarındaki gelişmeler izlenerek, yatırımcılara kaynak sağlayan alternatif teşviklerin üretilmesine yönelik çalışmalara hız verilmesi gerekmektedir.

BEŞİNCİ BÖLÜM

YENİLENEBİLİR ENERJİ YATIRIMLARINDA MEVZUAT SORUNLARI VE ÇÖZÜM ÖNERİLERİ

Bu bölümde, yenilenebilir enerji yatırımlarının mevzuat uygulamalarından kaynaklı sorunlarına değinilerek, sektördeki payının artmasını engelleyen düzenlemelere ve çözüm önerilerine yer verilecektir.

5.1 Yenilenebilir Enerjide Kurumsal Yapı ve Öneriler

Yatırımcılar, Enerji ve Tabii Kaynaklar Bakanlığı ve Bakanlığa bağlı Kurum ve Kuruluşlar tarafından uygulanan mevzuat çerçevesinde, faaliyetlerine ilişkin yükümlükleri yerine getirmekle sorumludurlar. Yatırım kararı almakla başlayan süreç, işletmenin devamlılığı boyunca devam eder. Enerji sektöründeki, küresel enerji politikaları, teknolojik gelişmeler, nüfus artışı, çevresel faktörler ve sanayileşmeye bağlı enerji ihtiyacındaki hızlı artış enerji mevzuatının dinamik kalmasını gerektiren önemli konulardır. Bu nedenle değişen koşullara cevap verebilen, genel olarak sektör ve yatırımcıların beklentilerini karşılayan mevzuat ve uygulama değişiklikleri kaçınılmazdır.

Dünya da hızla artan enerji ihtiyacının, yenilenebilir enerji kaynaklarından karşılanması yönünde hedefler belirlenirken, Türkiye'de bu hedefleri belirlemek ve yenilenebilir enerji sektörünü yönlendirmek amacıyla 02/11/2011 tarih ve 28103 sayılı (mükerrer) RG yayımlanan "662 sayılı KHK'nin 89'uncu maddesinde 14/06/1935 tarih ve 2819 sayılı "Elektrik İşleri Etüt İdaresi'' teşkiline dair kanun yürürlükten kaldırılmış, aynı KHK ile YEGM kurulmuştur. Müdürlük, ülkenin hidrolik, rüzgâr, jeotermal, güneş, biokütle ve diğer yenilenebilir enerji kaynakları öncelikli olmak üzere tüm enerji kaynaklarının tespiti ve değerlendirilmesine yönelik ölçümler yapmak, fizibilite ve örnek uygulama projeleri hazırlamak; araştırma kurumları, yerel yönetimler ve sivil toplum kuruluşları ile işbirliği yaparak pilot sistemler geliştirmek, tanıtım ve danışmanlık faaliyetlerini yürütmektedir.

Sektörün niteliği gereği kaynakların kullanımına yönelik, Enerji Bakanlığı dışında birçok kurum ve kuruluştan izin, onay, ruhsat ve benzeri belgeler almak gerekmektedir. Sürecin başında ortaya çıkan bu karmaşık yapı yatırımcı için gider ve zaman kaybıdır. Kurumlar arası talep edilen belge ve bilgilerin ayrı ayrı değil yetki verilen tek birimce değerlendirilmesi ve takip edilmesi daha güvenilir ortam sağlayacaktır. Böylece, beyanı istenilen ölçüm ve değerlendirme raporlarının şartlara uygun, işlemlerin doğru ve eksiksiz bir şekilde ilerlemesi ortaya çıkacak aksaklıkları da engellemiş olacaktır. Ayrıca yenilenebilir enerji sektöründeki gelişmeler dikkate alındığında yatırımcılara, istenildiğinde sektör konusunda bilgi aktarımı sunacak, işlemler konusunda yönlendirecek, yatırım süreci destek birimi oluşturulup bu konularda uzmanlaştırılmış personellerle hizmet verilebilir. Sektöre yönelik ihtiyaç duyulan bilgi akışını sağlamak kuruma bakış açısını da değiştirecektir.

5.2 Yenilenebilir Enerji Kaynaklarına İlişkin Mevzuat Gelişmeleri ve Öneriler

Enerji mevzuatında, yenilenebilir enerji kaynaklarının elektrik enerjisi üretimi amaçlı kullanımının yaygınlaştırılması, bu kaynakların güvenilir, ekonomik ve kaliteli biçimde ekonomiye kazandırılması, kaynak çeşitliliğinin artırılması, sera gazı emisyonlarının azaltılması, atıkların değerlendirilmesi, çevrenin korunması ve bu amaçların gerçekleştirilmesinde ihtiyaç duyulan imalat sektörünün geliştirilmesine yönelik olarak 18/05/2005 tarih 25819 sayılı Resmi Gazete de yayımlanan 5346 sayılı Yenilenebilir Enerji Kaynaklarının Elektrik Enerjisi Üretimi Amaçlı Kullanımına İlişkin Kanun, yürürlüğe girmiştir. İlgili Kanunun yürürlüğe girmesiyle yenilenebilir enerji kaynakları ve yatırımları için genel bir çerçeve çizilmiştir. Yatırımcıların özendirilmesi ve elektrik üretimi maliyetlerinin hafifletilmesi için teşvik mekanizması 08/01/2011 tarih 27809 sayılı RG yürürlüğe giren 6094 sayılı Yenilenebilir Enerji Kaynaklarının Elektrik Enerjisi Üretimi Amaçlı Kullanımına İlişkin Kanunda Değişiklik ile genişletilmiştir.

Enerji sektöründe, 5346 sayılı YEK Kanunun yürürlüğe girmesinden bu yana piyasadaki beklenti ve gelişmeler, 03/03/2001 tarih 24335 sayılı mükerrer

RG ile yürürlükte bulunan 4628 sayılı EPK Kanunun uygulanması esnasında karşılaşılan aksamalar, arz-talep dengelerindeki değişmeler, yatırımların gerçekleşmesinde karşılaşılan güçlükler ve yenilenebilir enerji kaynaklarının özel sektöre açılması mevcut kanunda değişiklik yapılmasına neden olmuştur. 30/03/2013 tarih 28603 sayılı Resmi Gazete de yayımlanarak yürürlüğe giren 6446 sayılı Elektrik Piyasası Kanunu ile 4628 sayılı EPK Kanunu, yürürlükten kaldırılmış ve uygulamadaki sorunlar giderilmeye çalışılmıştır.

Yenilenebilir enerji sektörünün gelişmesine bağlı olarak uygulamada yaşanan sıkıntıları gidermek için devam eden kanun değişiklikleri aynı zamanda ikincil mevzuatında düzenlenmesini gerektirmiştir. 5346 sayılı YEK Kanunu ve 6446 sayılı EPK'nin yürürlüğe girmesiyle uygulamada ki birçok yönetmelik değişmiş veya yenisi düzenlenerek mevzuat altyapısı oluşturulmaya çalışılmıştır.

5.2.1 Mevzuat Güncelleme Sorunları

Çalışmanın 2. Bölüm'ünde enerji mevzuatını oluşturan kanun, yönetmelik ve tebliğlere yer verilmiştir. Kanunlar yürürlüğe girdikten sonra uygulama usul ve esaslarının belirlendiği ikincil mevzuatların düzenlenmesini beklemek birçok sorunu beraberinde getirmiştir. Güncel ihtiyaçların ve geleceğe yönelik beklentilerin karşılanması bakımından eş zamanlı, yürürlüğe girmeleri gerekmektedir. Kanun ve ikincil mevzuatlar yayımlanmadan önce sektörde faaliyet gösteren yatırımcının uygulamada sorunlarla karşılaşabileceği ayrıntısı dikkate alınmalıdır.

Konuyu detaylandırmak üzere;

Milli Emlak Müdürlüğü ile EPDK Üretim Lisansına sahip bir şirket arasında, baraj ve HES üretim tesisinde baraj gövdesi alanı olarak kullanılmak üzere tahsis olunan arazi ile ilgili olarak düzenlenen kullanma izni sözleşmesinin, damga vergisinden muaf olup olmadığı konusunda yatırımcı ve noter arasında ihtilaf oluşmuştur. Noter tarafından 2012/12 numaralı Genelge kapsamında kira sözleşmesi mahiyetinde kabul edilerek Damga Vergisi Kanununa ekli (1) sayılı tablonun I /A-2 fıkrasına göre binde 1,89 oranında Damga Vergisine tabi tutulması gerektiği yönünde değerlendirilen sözleşme, yatırımcı tarafından işlemin Elektrik Piyasası Kanununa eklenen geçici 14'üncü maddenin (c) bendi gereğince 2015 yılına kadar işletmeye geçecek üretim lisansı sahibi tüzel kişiler tarafından üretim tesislerinin yatırım döneminde üretim tesisleriyle ilgili işlemler ve düzenlenen kâğıtlar damga vergisi ve harçtan istisna edileceğinden bahisle söz konusu sözleşmenin damga vergisi ve harçtan istisna edilmesi gerektiği yönünde talepte bulunmuştur.

Sözleşmenin ayrıntıları; Kullanma İzni Sözleşmesi, söz konusu taşınmazın baraj gövde alanı olarak kullanılmak üzere 49 yıllığına tahsis edildiği, kullanma izin bedelinin ilk yıl 6.650,00TL, daha sonraki yıllarda ÜFE miktarında arttırılacağı, 5346 sayılı Kanunun 8'inci maddesinde yenilenebilir enerji üretim tesisleri kurulması amacıyla tesis edilecek irtifak hakkı ve kullanma izinlerinde bedellerin 29.01.2009 tarihinden itibaren 29.01.2019 tarihine kadar on yıl süre ile %85 oranında indirim uygulanarak tahsil edileceği, ancak, 31.12.2015 tarihine kadar üretim tesisinin gerçekleştirilememesi durumunda öngörülen ve uygulanan indirimlerin yasal faizi ile birlikte geri alınacağı (madde 5) hususlarında düzenleme yapıldığı anlaşılmaktadır.

Bu konuda yanlış bir uygulamaya mahal verilmemesi için, sözleşmenin incelenip bu nevi kullanım sözleşmelerinin yatırım dönemi işlemleri arasında kabulü ile damga vergisi ve harçtan istisna edilip edilmeyeceği hususunda Gelir İdaresi Başkanlığından görüş istenilmiştir.

Gelir İdaresi Başkanlığının görüşü;

4628 sayılı Elektrik Piyasası Kanununun 1'nci maddesinin 30 numaralı bendinde üretim tesisinin, elektrik enerjisinin üretildiği tesisler olduğu; 5784 sayılı Kanun ile eklenen geçici 14'üncü maddesinin (c) fıkrasının 2 numaralı bendinde, 31.12.2012 tarihine kadar işletmeye girecek üretim ve otoprodüktör lisansı sahibi tüzel kişilere sağlanan teşvikler uyarınca, üretim tesislerinin yatırım döneminde, üretim tesisleriyle ilgili yapılan işlemler ve düzenlenen kâğıtların damga vergisi ve harçtan müstesna olduğu hükme bağlanmış, 31.01.2013 tarih ve 28545 sayılı Resmi Gazete'de yayımlanan ve 1/1/2013 tarihinden itibaren geçerli olan 6408 sayılı Kanunun 3'üncü maddesiyle, 4628 sayılı Kanunun geçici 14'üncü maddesinin birinci fıkrasının (c) bendinde yer alan "31.12.2012" ibaresi "31.12.2015" olarak değiştirilmiştir. 30/03/2013 tarih ve 28603 sayılı Resmi Gazete'de yayımlanan 6446 sayılı Elektrik Piyasası Kanununun geçici 4'üncü maddesinin birinci fıkrasının (b) bendinde de

31.12.2015 tarihine kadar ilk defa işletmeye girecek üretim lisansı sahibi tüzel kişilere sağlanan teşvikler uyarınca, üretim tesislerinin yatırım döneminde, üretim tesisleriyle ilgili yapılan işlemler ve düzenlenen kâğıtların damga vergisi ve harçtan müstesna olduğu hükme bağlanmıştır. Ayrıca, 6446 sayılı Kanunun 30'uncu maddesinin (5) numaralı bendi ile 4628 sayılı Kanunun geçici 14'üncü maddesi yürürlükten kaldırılmıştır.

Buna göre, gerek 4628 sayılı Kanuna 5784 sayılı Kanunla eklenen istisna hükmünün süresini değiştiren 6408 sayılı Kanun gerekse 6446 sayılı Kanunda düzenlenen hüküm ile söz konusu Kanunların yürürlük tarihinden itibaren 31.12.2015 tarihine kadar ilk defa işletmeye girecek üretim lisansı sahibi tüzel kişilere yatırım teşviki sağlamak üzere, Enerji Piyasası Düzenleme Kurumu tarafından üretim lisansı verilmesinden itibaren başlayıp üretim tesisinin geçici kabulünün yapıldığı tarihe kadar olan süreci ifade eden üretim tesislerinin yatırım döneminde, münhasıran üretim tesisleriyle ilgili düzenlendiğinin tevsiki kaydıyla, üretim tesisine ilişkin olarak yapılacak işlemler ve düzenlenen kâğıtlar damga vergisi ve harçtan istisna edilmiştir.

Yukarıda yapılan açıklamalar çerçevesinde, 4628 sayılı Kanunun geçici 14/c maddesinde, 31.12.2012 tarihine kadar işletmeye girecek üretim ve otoprodüktör lisansı sahibi tüzel kişilere teşvik verileceği hususunun düzenlendiği, ancak Enerji Piyasası Düzenleme Kurumu (EPDK) tarafından şirket adına düzenlenen 29/01/2009 tarih ve EÜ/1952-18/1392 sayılı elektrik üretim lisansında söz konusu Barajı ve HES üretim tesisinin tamamlanma tarihinin 29/01/2014 olarak belirlendiği hususları dikkate alındığında, üretim lisans belgesinin düzenlendiği tarihte yürürlükte olan istisna hükmünde yer alan 31.12.2012 tarihinden sonra işletmeye gireceği anlaşılan projeye ilişkin olarak düzenlenen "Kullanım İzin Sözleşmesi" başlıklı kağıdın damga vergisinden müstesna tutulması mümkün bulunmamaktadır.

Diğer taraftan, 6408 ve 6446 sayılı Kanunlarda yer alan 31/12/2015 tarihine kadar işletmeye girme şartının 01/01/2013 tarihinden itibaren geçerli olduğu hususu dikkate alındığında, "Kullanım İzin Sözleşmesi" başlıklı kağıdın, söz konusu Barajı ve HES üretim tesisinin yatırım döneminde bu tesis ile ilgili düzenlendiğinin tevsik edilmesi kaydıyla, söz konusu projeye yönelik olarak 01/01/2013 tarihinden sonra düzenlenmesi durumunda damga vergisinden istisna edilmesi gerekmektedir. Şeklinde görüş bildirilmiştir (portal.tnb.org.tr/Sayfalar/Genelgeler.aspx E.T: 03/01/2015).

Konuya ilişkin olarak, 4628 sayılı kanunun geçici 14'üncü maddesi ve değişikleri sebebiyle yaşanan işlem kargaşası; mevzuat da açık ifadeler kullanılmaması, yürürlükten kaldırılan hükümlerin işlemlere entegre edilememesi ve düzenlemelerin geciktirilmesine bağlıdır. Sektörde karşılaşılacak benzer sorunlar için önlemler alınmalı, uzman personel ve özenli çalışmalarla mevzuat hazırlanmalıdır. Bu geçiş sürecinde yenilenebilir enerji kaynakları kullanımının belirlenen hedeflere ulaştırılması için enerji piyasasında mevzuat işlerliği sağlayacak düzenlemelere, meslek kuruluşları, odalar, sivil toplum örgütleri ve akademik kuruluşların katılımının da sağlanması gerekmektedir.

5.2.2 Arz Güvenliği Sorunu

Enerji sektöründe elektrik üretimi ve elektrik piyasasında gerçekleşecek satışlara ilişkin 6446 sayılı EPK, 5346 sayılı YEK Kanunu ve lisans yönetmeliğinde yer alan kısıtlar ithalata ilişkin yapılan antlaşmalardaki taahhütlerden kaynaklı ise, arz güvenliği bakımından elektrik depolama faaliyetlerine yönelik teşvikler düzenlenmelidir. Arz güvenliği, aynı zamanda ulusal güvenlik ve kamu refahının temel unsurudur. Ülkenin ekonomik çıkarları doğrultusunda önümüzdeki süreçte yenilenebilir enerji kaynakları potansiyelinin elektrik üretimine katkısı göz önünde bulundurularak İthalat kararları alınmalıdır.

5.2.3 Denetim Sorunu

Sektörde faaliyet gösteren elektrik üretim işletmelerinin denetimlerine yönelik düzenleme 6446 sayılı EPK'nin 15'inci maddesinin 3'üncü fıkrasında yer almıştır. Enerji ve Tabii Kaynaklar Bakanlığı ve EPDK'nin bu Kanun kapsamındaki denetim yükümlülükleri ile ilgili olarak, sonuçları itibarıyla Bakanlık ve Kurum açısından bağlayıcı olmayacak ve yaptırım içermeyecek şekilde inceleme, tespit ve raporlama yapmak üzere yetkilendirecekleri şirketlerden ilgili mevzuatına uygun bir şekilde hizmet satın alabilecekleri belirtilmiştir. Türkiye de yenilenebilir enerji sektörünün geliştirilmesine yönelik altyapı oluşturma çalışmaları devam etmektedir. Geçiş sürecinde sektörün yapısı ve niteliği bakımından tespit edilecek hususlar analiz edilerek düzenlemelere yansıtılmalıdır. Bu işlemin etkinliği öncelikle sektörde kabul görmüş, dinamik, işlerliği olan mevzuat yapısını oluşturmakla sağlanabilir. Denetim, yatırımcıların mevzuata bağlı yükümlülüklerini ne ölçüde gerçekleştirdiğinin tespitidir. Bu maddenin uygulanabilirliği süreç tamamlana kadar ertelenmeli, denetimler Bakanlığa bağlı yetkilendirilmiş kurum ve personelleri aracılığı ile yapılmalıdır.

5.3 Teşvik Mevzuatı ve Öneriler

5.3.1 Teşviklerde Fırsat Eşitliği Sorunu

Yenilenebilir enerji kaynaklarına dayalı elektrik üretim faaliyetinde bulunmak isteyen yatırımcı üretime esas kaynağın (Güneş, Rüzgâr, Jeotermal, Hidroelektrik vs) bulunduğu yerde tesis kurmak zorundadır. Kaynak, belirleyici unsurdur. Yatırımcı için alternatif sadece daha elverişli kaynak alanını seçmek olacaktır. Diğer sektörlerde yatırımcının tercihi doğrultusunda yatırım alanı belirlenebilir. Yürürlükte bulunan 2012/3305 sayılı Yatırımlarda Devlet Yardımları Hakkında Karar da teşviklerin uygulanması bakımından bölge, sınıf ve sektör ayırımı yapılmıştır. Yenilenebilir enerji yatırımlarına ilişkin destekler sınırlı olup, genel teşvik uygulamaları kapsamında belirlenen Gümrük Vergisi muafiyeti ve KDV istisnasından yararlandırılmaktadır. Kaynağın bulunduğu yer teşviklerin uygulanması bakımından belirleyicidir. Yatırım Teşvik Belgeli, (GES) kapasitesi aynı olan iki ayrı güneş enerjisi yatırımcısının yararlandığı teşvik unsurlarını karşılaştıracak olursak;

(A) GES yatırımcısının 6'ncı bölgede yatırım gerçekleştirmesi halinde;

1) Gümrük Vergisi Muafiyeti
2) KDV İstisnası
3) Gelir Vergisi Stopajı Desteği

(B) GES yatırımcısının 6'ncı bölge dışında 1-2-3-4-5'inci bölgelerden herhangi birinde yatırım gerçekleştirmesi halinde;

Gümrük Vergisi Muafiyeti, KDV İstisnasından faydalanılır.

(A) Yatırımcısının avantajı ek olarak Gelir Vergisi Stopajı Desteği almasıdır. Yatırımın kısmen veya tamamen işletilmesine başlanılan tarihten itibaren 10 yıl süreyle faydalanacaktır. Yatırımla sağlanan ilave istihdam için ödenmesi gereken gelir vergisi stopajının asgari ücrete tekabül eden kısmı terkin edilecektir. Bu teşvik unsuru ile devlet asgari ücret üzerinden hesaplanan vergi tutarından, asgari geçim indirimi tutarının mahsubu sonucu kalan tutarın tahsilinde vazgeçerek işçi maliyetlerini desteklemiş olacaktır. (B) yatırımcısı, Gelir Vergisi Stopajı Desteği alamadığı için işçi maliyetlerinin tümünü kendisi finanse edecektir.

Teşviklerin yoğun olduğu yerlerde yatırım yapmak kaynakların etkin dağılımını etkileyecektir. Bu hususların giderilmemesi halinde 2012/3305 sayılı Karar da yer alan kalkınma planları ve yıllık programlarda öngörülen hedefler doğrultusunda tasarrufların katma değeri yüksek yatırımlara yönlendirilmesine, üretim ve istihdamın artırılmasına, uluslararası rekabet gücünü artıracak ve araştırma- geliştirme içeriği yüksek bölgesel ve büyük ölçekli yatırımlar ile stratejik yatırımların özendirilmesine, uluslararası doğrudan yatırımların artırılmasına, bölgesel gelişmişlik farklılıklarının azaltılmasına, kümelenme ve çevre korumaya yönelik yatırımlar ile araştırma ve geliştirme faaliyetlerinin desteklenmesine yönelik hedeflere ulaşılması zorlaşacaktır. Bu durum sektör ve yatırımcı açısından fırsat eşitliğini olumsuz yönde etkileyecektir.

09/05/2014 tarih ve 28995 sayılı Resmi Gazetede yayımlanarak yürürlüğe giren 2014/6058 sayılı Bakanlar Kurulu Kararı ile bazı enerji yatırımlarının teşvik edilmesi kararlaştırılmıştır. Bu yatırımlar;

1) Yıllık asgari 500 TEP (ton eşdeğeri petrol) enerji tüketimi olan mevcut imalat sanayi tesislerinde gerçekleştirilecek, birim ürün başına en az %20 oranında enerji tasarrufu sağlayan ve yatırım geri dönüş süresi azami 5 yıl olan enerji verimliliğine yönelik yatırımlar,
2) Atık ısı kaynaklı olarak, bir tesisteki atık ısıdan geri kazanım yolu ile elektrik üretimine yönelik yatırımlar (doğalgaza dayalı elektrik üretim tesisleri hariç),
3) Bu karar kapsamında ayrıca; asgari 50 Milyon TL tutarındaki, sıvılaştırılmış doğal gaz (LNG) yatırımları ve yer altı doğal gaz depolama yatırımlarıdır.

Karar da bölge ayrımına bakılmaksızın Tablo 4.1'de yer alan 5'inci Bölge yatırımlarına sağlanan teşviklerin uygulanacağı düzenlenmiştir. Faaliyet konuları ve sektörleri farklı bu tesislere enerji verimliliğine yönelik ek yatırımlarından dolayı sağlanan teşvik unsurlarının yenilenebilir enerji yatırımlarına uygulanmaması büyük eksikliktir. 2014/6058 sayılı Karar değerlendirildiğinde yenilenebilir enerji yatırımcılarının, bölgesel teşvik uygulamaları kapsamında belirlenen teşvik unsurlarından yararlanma beklentileri haklılık kazanacaktır.

5.3.2 Teşvik Uygulamaları ve Bütçe Sorunu

Türkiye de 2012/3305 sayılı Yatırımlarda Devlet Yardımları Hakkında Karar da yer alan teşvik unsurları genel olarak vergi tahsilinden vazgeçme ve Ekonomi Bakanlığı aracılığı ile bütçeden ödenekler şeklinde uygulanmaktadır. Bütçeden karşılanan tutarlar her yıl TBMM'de yasalaşırken, vergi tahsilinden vazgeçme, teşviklerin uygulandığı dönemde bütçede belirsizlik unsurudur. Vergi gelirlerinin reel olarak artmadığı dönemlerde bütçe açık verecek ve enflasyonu arttırıcı etki yaratacaktır. Bütçe açıklarını dengelemek için kullanılan en önemli araç vergi politikalarıdır. Kaynak sağlamak üzere arttırılan vergiler yatırımcıların mali yükünü ağırlaştırıp, yeni yatırımları da engelleyecektir. Genel olarak bu durum, ekonomik daralma süreci başlatarak; üretimde hedef kayması, arz- talep farklılığı, işsizlik, gelir dağılımı dengesizliği ve ithalat bağımlılığı gibi faktörlerin devreye girmesine neden olacaktır.

Türkiye'de son yıllarda kalkınma programlarının öncelikli unsuru özelleştirmeler olmuştur. Amaç kamunun ekonomideki payını azaltıp, özel sektör yatırımlarına sunulan desteklerle vergi gelirlerini arttırmaktır. Enerji ve Tabii Kaynaklar Bakanlığı'nın faaliyet raporları incelendiğinde, yenilenebilir enerji yatırımlarının özel sektör aracılığıyla sürdürüldüğü, stratejik planlar doğrultusunda ise kamunun bu yatırımlar içinde bulunmadığı görülmektedir. Yatırımcının ekonomiye kazandırılarak, vergi gelirlerinin arttırılması yönünde uygulanan politikaların neticeleri hedeflerin belirsizliği, gerekli güven ortamının sağlanmadığı, yönündedir.

Elektrik enerjisi sektörü, reformu ve özelleştirmelerden beklenen temel faydalar:

1) Elektrik üretim ve dağıtım varlıklarının etkin ve verimli bir şekilde işletilmesi suretiyle maliyetlerin düşürülmesi,
2) Elektrik enerjisi arz güvenliğinin sağlanması ve arz kalitesinin artırılması,
3) Dağıtım sektöründeki teknik kayıpların OECD ülkeleri ortalamalarına indirilmesi ve kaçakların önlenmesi,
4) Gerekli yenileme ve genişleme yatırımlarının kamu tüzel kişilerine herhangi bir yükümlülük getirilmeden özel sektörce yapılabilmesinin sağlanması,
5) Elektrik enerjisi üretimi ve ticareti faaliyetlerinde oluşacak rekabet yoluyla ve hizmet kalitesinin düzenlenmesiyle sağlanan faydanın tüketicilere yansıtılmasıdır (enerji.gov.tr/File/?path=ROOT%2f1%2fDocuments%2f Belge%2fElektrik+Enerjisi+Sekt%C3%B6r%C3%BC+Reformu+ve+% C3%96zelle%C5%9Ftirme+Strateji+Belgesi.pdf).

Enerji piyasası dünya ekonomik konjonktüründen etkilenen bir piyasadır. Dünyada ki olumsuz değişiklikler, fiyat dalgalanmaları, ithalat bağımlılığı olan ülkelerde bütçe sapmaları oluşmasına neden olmaktadır. Ekonomik tedbirler alabilen, kaynak üretme becerisi gösteren ülkeler plan ve programlarla olumsuz etkileri gidermeyi başarabileceklerdir.

Yenilenebilir enerji yatırımlarına sağlanan destekler bütçe üzerinde gelir azaltıcı bir etki gösterse de; sürdürülebilir gelecek, ekonomik ve politik güç, enerji arz güvenliği, ithalat risklerinin azaltılması,, çevrenin korunması, istihdam alanları oluşturması ve üretimin cari açığa olan katkısı gibi ülkeye uzun vadede getirileri diğer sektörlerle karşılaştırılamayacak derecede önemlidir.

Devletin makro ekonomik politikalar kapsamında yenilenebilir enerji sektörüne sağlanan yatırım dönemi desteklerinin ayrı değerlendirilmesi, bütçe göstergelerini netleştirecektir. Sektörün, sabit maliyetleri, yatırım süresinin uzunluğu, kullanılan teknoloji, doğal çevre koşullarına bağımlılığı, dikkate alındığında önümüzdeki süreçte teşvik mekanizmasının değiştirilmesi veya yenilenebilir enerji yatırımlarına yönelik yeni düzenlemelerin eklenmesi zorunlu hale gelecektir. Bu bağlamda alınacak politik kararlar ile teşvik unsurlarının tamamının uygulanması yatırım kararlarını hızlandıracak ve yenilenebilir enerji kaynaklarının elektrik üretimi etkinliğini önümüzdeki süreçte arttıracaktır.

5.3.3 Teşviklerde Hedef Kitle Sorunu

2012/3305 sayılı Yatırımlarda Devlet Yardımları Hakkında Kararın amaçları arasında çevre korumaya yönelik yatırımlarında destekleneceğine yer verilmiştir. 5627 sayılı Enerji Verimliliği Kanununda da enerjinin etkin kullanılması, israfının önlenmesi, enerji maliyetlerinin ekonomi üzerindeki yükünün hafifletilmesi ve çevrenin korunması için enerji kaynaklarının ve enerjinin kullanımında verimliliğin artırılmasına yönelik hükümler düzenlenmiştir. İkincil mevzuat kapsamında yürürlüğe giren Binalarda Enerji Performansı Yönetmeliğinin 2'nci maddesinin c bendinde enerji ihtiyacının, kojenerasyon sistemi ve yenilenebilir enerji kaynaklarından karşılanmasına, dair usul ve esaslar belirlenmiştir. Buna benzer diğer bir düzenleme 5346 sayılı YEK Kanunun 7'nci maddesinin 3'üncü fıkrasında yer almak da olup, yeterli jeotermal kaynakların bulunduğu bölgelerdeki valilik ve belediyelerin sınırları içinde kalan yerleşim birimlerinin ısı enerjisi ihtiyaçlarını öncelikle jeotermal ve güneş termal kaynaklarından karşılamaları gerektiği belirtilmiştir. Üretime esas bir faaliyet olmamasına karşın nihai tüketici kapsamında getirilen yükümlülüklerdir.

Yatırımlarda Devlet Yardımları Hakkında Kararın Uygulanmasına İlişkin 2012/1 Tebliğ'de 2014/3 sayılı tebliğ ile değişiklik yapılarak imalat faaliyetinde bulunan üreticilere tebliğde belirtilen şartlar dâhilinde enerji tasarrufu sağlamaları halinde Ekonomi Bakanlığı tarafından uygun görülen projeler için yatırım teşvik belgesi düzenleneceği eklenmiştir.

Yaşam alanlarına getirilen yükümlülükler dâhil olmak üzere küçük yatırımlara da yenilenebilir enerji kaynak kullanımını sağlayacak makine ve teçhizat tutarları için teşvik uygulanabilmeli, plan ve projeleri hazırlanmalıdır. Enerji üretim sistemi küçük olsa da yenilenebilir enerji kaynak kullanımı sağlanmakta ve kurulum kapasitesi nispetinde elektrik üretilip enerji maliyetlerinin ekonomi üzerindeki yükü hafifletilmektedir.

5.4 Vergi Mevzuatına İlişkin Öneriler

Vergi, bütçenin en önemli gelir unsurlarından biridir. Vergi politikalarının iç piyasa koşulları ve küresel ekonomik gelişmeler doğrultusunda belirlenmesi gerekmektedir. Risklere karşı duyarlılığı yüksek ekonomik bir yapının oluşturulması teknolojik gelişmelerin izlenmesi, kaynakların etkin kullanılması ve yatırımların desteklenmesine bağlıdır.

Yenilenebilir enerji yatırımları doğada var olan sürekli ve bedelsiz kaynakların üretimine yönelik yatırımlardır. Kaynakların üretimi için birbirinden farklı teknolojilere ihtiyaç vardır. Bu ihtiyaç yeni makine-teçhizat imalatı ve nitelikli iş gücü ihtiyacını da beraberinde getirmektedir. Bu nedenle yenilenebilir enerji yatırımları diğer sektörlere etki etmekte ve bu şekilde ekonomik argümanların tamamını hareketlendirmektedir. Bu açıdan yenilenebilir enerji sektörünün vergi gelirlerini önemli derecede arttıran bir sektör olduğunu söyleyebiliriz. Yenilenebilir enerji kaynaklarının ekonomiye kazandırılması için yeni teşvik unsurları ile birlikte uygulamada yer alan vergi teşviklerinin de kapsamının genişletilmesi gerekmektedir.

5.4.1 Vergi İndirimi Sorunu

Vergi indirimi işletme geçiş döneminde sağlanan bir kaynaktır. Üretim başladığında elde edilen gelir unsuruna uygulanmaktadır. Kurumlar Vergisi Kanununa 32/A maddesi olarak 5838 sayılı Kanunla eklenen indirimli kurumlar vergisi uygulamasının amacı, kalkınma planları ve yıllık programlarda öngörülen hedeflere uygun olarak, tasarrufları katma değeri yüksek yatırımlara yönlendirmek, üretimi ve istihdamı artırmak, uluslararası rekabet gücünü artıracak büyük ölçekli yatırımları özendirmek, doğrudan yabancı yatırımları artırmak, bölgesel gelişmişlik farklılıklarını gidermek, araştırma ve geliştirme faaliyetlerini desteklemektir. Sabit yatırım harcamalarının çok yüksek olması nedeniyle geri ödemelere kaynak sağlamak bakımından yenilenebilir enerji yatırımları için önemlidir. Ancak, Yatırım Teşvik Belgesi kapsamında yenilenebilir enerji yatırımlarına vergi indirimi teşviki uygulanmamaktadır. 2012/3305 sayılı kararda değişikliğe gidilerek sektör bazında bu yatırımların tamamının bölge ve büyüklük ölçülerine bakılmaksızın kapsama dâhil edilmesi gerekmektedir. Yürürlüğe girecek düzenleme, stratejik yatırımlara uygulanan indirimli kurumlar vergisi ve yatırıma katkı oranlarından az olmamalıdır.

5.4.2 KDV İadesi Sorunu

Yenilenebilir enerji yatırımları uzun süreli ve maliyeti yüksek yatırımlardır. Yatırım döneminde yüklenilen KDV' ye karşılık, hesaplanan KDV işletme dönemine geçildiğinde doğmaktadır. Bu nedenle KDV'nin indirimi uzun zaman aralığına yayılarak yatırımcının üstünde yük olarak kalmaktadır. İndirim mekanizması yoluyla uzunca bir süre mahsup yoluyla giderilemeyen KDV'nin iade edilmesine ilişkin düzenleme yapılabilir.

Yatırımlar için oldukça önemli bir finansman imkânı sağlayan indirimli oran KDV iadesi işlemi yenilenebilir enerji yatırımları içinde uygulanabilir. Bu düzenleme, Bakanlar Kurulunca vergi oranları indirilen teslim ve hizmetler dolayısıyla yüklenilen ve indirim yoluyla giderilemeyen KDV tutarlarının, Bakanlar Kurulu Kararı ile belirlenen sınırı aşan kısmı, yatırımcının belirlenen vergi, SGK, belediye gibi kurum borçlarına veya yılı içinde vergilendirme dönemleri itibariyle mahsuben, izleyen yıl içerisinde talep edilmesi kaydıyla söz konusu borçlara mahsuben ya da nakden iade edilebileceği şeklinde gerçekleştirilebilir.

5.4.3 Gelir Vergisi Stopajı Desteği Sorunu

Gelir Vergisi Stopajı Desteği, 6. Bölgede gerçekleştirilecek yenilenebilir enerji yatırımlarına sağlanan teşviktir. Teşvik belgesi kapsamı yatırımlarla sağlanan ilave istihdam için ödenmesi gereken gelir vergisi stopajının asgari ücrete tekabül eden kısmının terkin edilmesidir. Terkin yoluyla tahsilinden vazgeçilen tutar kadar iş gücü maliyetleri desteklenmektedir. Bu teşvikin bölge ayrımı yapılmaksızın yenilenebilir enerji yatırımlarına uygulanması yatırımcıların kaynak sorunu yaşamalarını önleyecek, sektörün gelişimine önemli katkı sağlayacaktır.

5.4.4 Karbon Vergisi Sorunu

Uluslararası piyasada işlerliği olan, Kyoto Protokolü kaynaklı Karbon satışına ilişkin düzenleme Türkiye'de bulunmamaktadır. Ancak Yenilenebilir Enerji Kaynak Belgelendirilmesi, emisyon ticareti ve yeşil sertifika uygulamalarına başlanması yönünde bir düzenlemedir. Mevzuat boşluğuna rağmen iç piyasa da aracı kurumlar tarafından sınırlı satışlar söz konusudur. Bu nedenle vergi mevzuatında acil düzenleme gerektiren bir konudur. Mevcut uygulamalar değerlendirilip günün koşullarını kurtaracak değil geleceğe dönük piyasada kabul görecek dinamik bir mevzuat oluşturulmalıdır.

Vergilendirmeye ilişkin sorunların çözümüne öncelikle, vergi uygulamaları bakımından farklılıklar göstermesi nedeniyle karbon gelirinin hizmet mi yoksa gayrimaddi hak mı olduğunun kanunla belirlenmesi gerekmektedir. Karışıklığı önlemek üzere GVK'nin 2'inci maddesinde sayılan kazançlara Karbon geliri de eklenebilir. Piyasada Karbon ticareti payının çok düşük olması, 2012 yılına kadar karbon emisyonunu azaltma yükümlülüğünün bulunmaması nedenleriyle mevzuat yetersizliği dikkate alınmamış olsa da yurt içinde ki firmalarında karbon kredisi ihtiyacı sürecinin başladığı düşünülerek uluslararası mevzuata uyumlu kanunlar çıkarılması zorunludur.

Değişen çevresel duyarlılıklar, ticaret işleyişinin sürekli yenilenmesi, küresel ve yerel makroekonomik etkiler neticesinde uluslararası sermaye akışı gelişmektedir. Sektör itibariyle yenilenebilir enerji yatırımlarının önemi her üretim başına sağlanan yeşil sertifika (karbon kredisi) ile katlanmaktadır. Türkiye de gerçekleştirilmesi istenen yatırımın kaynak çeşidi bazında değerlendirilmesi buna göre rekabet eşitsizliğine neden olabilecek olası riskleri önleyecek düzenlemeler getirilmelidir. Yabancı sermayenin ek olarak yurt dışındaki faaliyetine Karbon Kredisi sağlamayı veya piyasada satışını amaçlamış olabileceği düşünülmelidir. Bu nedenle yenilenebilir enerji yatırımları ve sera gazı etkisini gidermeye yönelik yerel projeler desteklenmeli Karbon kredilerinin gelecekte sağlayacağı fayda göz önünde bulundurulmalıdır.

5.5 Yatırım Yeri Tahsisi Mekanizması Oluşturulması

Yenilenebilir enerji kaynakları, potansiyelleri ve üretim tesisi kurulabilecek alanlar genel olarak belirlenmiş ve YEGM sitesinde yayımlanmıştır. Uygulanacak projelerin tespitine ilişkin çalışmalar devam etmekle birlikte tamamlanmış projelerde mevcuttur.

Yenilenebilir enerji yatırım sürecine çalışmanın 2. Bölümünün 2.1.3.1. ve 2.1.3.7. başlıklarında ayrıntılı olarak değinilmiştir. Mevzuat kaynaklı sorunlar, izin ve onay alma işlemlerindeki gecikmeler, altyapı eksiklikleri, yetki kısıtlamaları gibi daha birçok nedenden dolayı yenilenebilir enerji yatırımları hedeflenen seviyede gerçekleşmemektedir.

Enerji ve Tabii Kaynaklar Bakanlığınca yetkilendirilmiş Koordinasyon Birimi kurularak, yatırım yeri tahsisi mekanizmasına benzer bir uygulama oluşturulması gerekir. Bu birimin yenilenebilir enerji kaynakları üzerinde araştırma ve uygulama faaliyetlerinin kapsamlı yürütülmesi, Kurumlar arası tespit ve değerlendirme ağı kurulup, kaynakların etkin kullanımını sağlayacak tüm inceleme ve raporların düzenlenmesi, yatırım süreci ihtisas planının hazırlanması, kamulaştırma ve imar planı işlemlerinin gerçekleştirilmesi, kaynak bazında uygun teşviklerin belirlenmesi, yatırımları özendirici ve zaman kaybını önleyici etki gösterecek projeler hazırlaması sağlanabilir. Tamamlanan projelerin ilan yoluyla duyurusundan sonra başvurular kabul edilip, yarışma usulü kapsamında şartları sağlayana ihale edilmesi sektörün gelişimine ivme kazandıracaktır.

Yatırım yeri tahsisi mekanizması;

1) Yatırım kararlarının hızlanması,
2) İşletmeye geçiş sürecinin kısalması,
3) Yatırım dönemi başvuru işlemleri finans yükünün azalması,
4) Yatırım süresinin uzunluğu nedeniyle oluşan enflasyonist baskılar ve kur değişimlerinin risk unsuru olmaktan çıkması,
5) Finans kuruluşlarından temin edilen kredilerin geri ödemelerinde kolaylık sağlanması,
6) Yerli, güvenilir enerji kaynaklarının üretime katılmasının sağlanması,
7) İthalat bağımlılığından kaynaklı risk oranının ve cari açığın azalması,

8) Arz güvenliğinin sağlanması,
9) Bütçe kaynaklarının etkin değerlendirilmesi,
10) Üretime bağlı istihdam yaratılarak gelir dağılımına katkı sağlanması,
11) Yeni teknoloji arayışı ve imalatını geliştirmesi,
12) Yeni yatırımlar ve yeni sektör oluşması,
13) Çevre tahribatının önlenmesi, gibi benzer katkılar sağlayarak yenilenebilir enerji sektörünü ve ülke ekonomisini güçlendirecektir.

5.6 Enerji Hukuku Alanında Öneriler

Fosil kaynakların tükenecek olması; yenilenebilir enerjinin üretimi, depolanması, tüketimi ve fiyatlandırılmasındaki güçlükler nedeniyle enerji hukuku adıyla multidisiplinel yeni bir hukuk dalının ortaya çıkması zorunlu hale gelmiştir. Enerji Hukuku, hukukun diğer branşlarıyla da sıkı bir ilişki içerisinde olmakla birlikte, niteliği itibariyle teknik ve uzmanlık isteyen bir alanı ilgilendirdiğinden ülkemiz uygulamasında da gelişmiş ülkelerde olduğu gibi yeni, dinamik ve kendine özgü bağımsız bir hukuk dalı olarak tanımlanmaya ve bu alanda uzman hukukçulara ihtiyaç duymaktadır. Ülkemizde enerji piyasası alanında ondan fazla yasa ve bu yasaların uygulamasını gösterir elliye yakın yönetmelik vardır. Enerji Hukuku sürekli genişleyen ve değişen bir mevzuata sahiptir. Ayrıca bu alanda ülkemizin taraf olduğu birçok ikili ve çok taraflı sözleşme mevcuttur. Yenilenebilir enerji kaynaklarının tespitine, üretilmesine, santrallerinin kurulmasına ilişkin ihtilaflar, enerji yatırımcısının yükümlülükleri, bu alanda faaliyet gösteren şirketler arasındaki rekabet ve piyasadaki düzenin oluşturulması ve denetimi görevi nedeniyle kamu hukuku alanında çıkan ihtilaflar, uluslararası alanda yenilenebilir enerjinin üretimi ve kullanımı ile pazar oluşumu ve çok uluslu şirketler arasında çıkan ihtilaflar, enerjinin ithalatı ve ihracatına ilişkin çeşitli sorunlar, tüketici sorunları, enerji kayıp ve kaçağı nedeniyle ortaya çıkan cezai ve idari sorunlar ve daha birçokları bu hukuk dalının genişleyen yönünü ortaya koymaktadır.

Yenilenebilir enerji kaynaklarına ilişkin ilk düzenleme 4628 sayılı Elektrik Piyasası Kanunudur. Akabinde, 2005 yılında yürürlüğe giren 5346 sayılı Yenilenebilir Enerji Kaynaklarının Elektrik Enerjisi Üretimi Amaçlı

Kullanımına Dair Kanun, 2007 yılında 5627 sayılı Enerji Verimliliği Yasası ve daha sonrada 5686 sayılı Jeotermal Kaynaklar ve Doğal Mineralli Sular Yasası çıkarılmıştır. Bu yasalardan 5346 sayılı yasa oldukça önemlidir. Çünkü bu yasa ile yenilenebilir enerji kaynakları tanımı yapılmış " 6094 sayılı kanun değişikliği ile;

yenilenebilir enerji kaynakları Rüzgâr, güneş, jeotermal, biyokütle, biyokütleden elde edilen gaz (çöp gazı dâhil), dalga, akıntı enerjisi ve gel-git ile kanal veya nehir tipi veya rezervuar alanı on beş kilometrekarenin altında olan hidroelektrik üretim tesisi kurulmasına uygun elektrik enerjisi üretim kaynakları,

şeklinde belirtilerek geniş bir tanıma yer verilmiştir. Kanunun amacı da yenilenebilir enerji kaynaklarının kullanımının yaygınlaştırılması bu kaynakların iktisadi değerini koruyarak, kaliteli ve güvenilir şekilde üretimi, üretimde kullanılacak kaynakların arttırılması ve sera gazı emisyonlarının azaltılması, atıkların değerlendirilmesi çevrenin korunması ve bu amaçla oluşturulacak teknolojilerin geliştirilmesi olarak açıklanmıştır.

Daha önce de bahsedildiği gibi Türkiye'de dünyada olduğu gibi hukuki düzenlemeler yapılmadan önce bir zemin hazırlanması gerekiyordu. 1984 tarihli 3096 sayılı yasa ile elektrik üretimi ve satışından devlet tekeline son verildi. 1993 yılında da Türk Elektrik Kurumu Üretim, dağıtım ve satış olmak üzere üçe ayrıldı. 1994'de yasalar ile yap-işlet-devret ve yap-işlet modelleri geldi. 1996'da enerji sektöründe uluslararası tahkim kabul edildi. Daha sonra 2001'de hepimizin bildiği 4686 sayılı Uluslararası Tahkim Yasası kabul edildi. 2001'de de Elektrik Piyasası Kanunu ve daha sonradan Enerji Piyasası Düzenleme Kurulu adını alacak olan Elektrik Piyasası Düzenleme Kurulu kuruldu. Bahsi geçen tüm bu düzenlemeler yenilenebilir enerji kaynaklarıyla ilgili mevzuata hazırlık için yapılmıştır. 5346 sayılı yasa ile birlikte teşvikler ve yaptırımları düzenlenmiş ve AB'ye uyum yasaları çerçevesinde yasal düzenlemeler devam edilmiştir.

TEİAŞ tarafından hazırlanan kapasite projeksiyonuna göre, ülkemizde elektrik enerjisi talebinin önümüzdeki 10 yılda iki katına çıkması beklenmektedir. Arz güvenliği açısından yenilenebilir enerji kaynaklarına yönelerek enerji yatırımlarına hız kazandırmak bir zorunluluk hâline gelmiştir. Bu nedenle gerek yerli gerekse yabancı yatırımcıların karşılaştıkları zorlukları tespit etmek ve mevzuata ilişkin uygulamadaki eksiklikleri gidermek, sektörün düzenleyici kurumları ile birlikte hareket ederek sorunları ortadan kaldıracak reformist yaklaşımlarda bulunmak son derece önemlidir. Özellikle bürokratik uygulamalarda çıkan sorunlar, birden fazla kurum ile irtibat halinde olma gereği, enerji yatırımlarını etkileyen birçok konuda tek bir düzenleyici kurumun olmayışı, inşaat öncesi ve devamında arazi ile ilgili surecin (ilgili arazinin orman arazisi, mera alanı, Hazine veya devlet arazisi olması vs.) uzun ve zorlayıcı olması, fiyat mekanizmalarının belirsiz oluşu, kredi bulunması aşamasında uluslararası bankalar için garanti ve kapsamındaki belirsizlikler mevzuat gereği alınan izinler ve birden fazla kurumun dâhil olmasından dolayı çok başlılık sorunu ve özellikle farklı izinler sırasında farklı yasalarda öngörülen usuli işlemlerin (imar planları, onayları, mükerrer izin ve onayların istenmesi, ÇED belgesinin uzun sürede alınması, kamulaştırma prosedürünün fazla olması, millî parklar, yaban hayatı koruma alanları, sit alanları gibi yerlerde enerji yatırımlarına izin verilmemesi vb.) Enerji yatırımları için bu izin prosedürlerinin kısaltılması amacıyla gerekli yasal düzenlemelerin yapılması gerekmektedir. Bu çerçevede kurumlar arasında koordinasyon ve işbirliğine yönelik yasal düzenlemelerin aciliyet gerektirdiği açıktır.

Enerji piyasasının liberalleşmesi ile birlikte artık gerek yerli gerekse yabancı yatırımcılar enerji projeleri ile ilgili uyuşmazlıklarında tahkim yoluna gidebilmektedir. Burada farklı olarak Elektrik Piyasası Lisans Yönetmeliği'nde lisans sahibi tüzel kişilerin TEİAŞ ve/veya dağıtım lisansı tüzel kişiler ile bağlantı ve sistem kullanım anlaşmasının hükümlerinin uygulanması konusundaki ihtilaflarda Elektrik Piyasası Düzenleme Kurulu'na başvurulmaktadır. Kurul iletim ve/veya dağıtım sistemine bağlantı yapmak isteyen tüzel kişilerin kendilerine adil koşulların teklif edilmediği, ayrımcılık yapıldığı yönündeki iddiaları da incelemekte ve bu yöndeki ihtilafları karara bağlamaktadır. Kurul'un kararlarına karsı Danıştay'da dava açılabilmektedir. Kurul ayrıca mevcut sözleşme olarak nitelendirilen ve piyasanın liberalleşmesinden önce akdedilmiş olan mevcut sözleşmeler tahtındaki ihtilafların halinde de arabuluculuk yapma yetkisine sahiptir. Ancak tüm bunlara rağmen enerji hukuku alanında yasama organınca kodifikasyon yapılması bu yolla alana özgü maddi hukuk kuralları ve usul kuralları öngörülmesi ve enerji hukukuna ilişkin uyuşmazlıkların görülebileceği uzman mahkemelerin kurulması gerekmektedir.

ALTINCI BÖLÜM

SONUÇ VE ÖNERİLER

Fosil kaynakların tükenecek olması ve çevrede yol açtığı tahribat, enerjinin dünyanın birincil sorunu hâline gelmesine neden olmuştur. Geleceği tehdit eden bu unsurlar, alternatif enerji kaynaklarına olan eğilimi hızlandırmıştır. Yenilenebilir enerji kaynaklarının yerli, sürekli yenilenebilir ve çevre dostu olmaları ülkeler için büyük bir fırsattır. Bu kaynakların üretime dâhil edilmemeleri, sektör için değer kaybıdır.

Dünya da fosil kaynakların kullanılmaya devam edilmesi halinde hızla tükeneceği ve çevresel sorunları beraberinde getireceği görülmektedir. İklim değişikliği birincil unsur olarak yenilenebilir enerji kaynaklarının potansiyelini ve etkinliğini kaybetmesine yol açacaktır. Kuraklık sorununu, başlıca yenilenebilir enerji kaynaklarından HES ve RES'lerin elektrik üretim oranını düşürecektir ki bu durum, Enerji ve Tabii Kaynaklar Bakanlığı verilerine göre Türkiye de 2014 yılında yaşanan kuraklık sonucu fosil yakıtların elektrik üretimi içindeki payının yükseldiği, 2013 yılında elektrik üretiminin yüzde 71'i fosil yakıtlardan sağlanırken bu oranın 2014 yılında yüzde 80'e yükselmesi ile açıklanabilir.

Enerji üretimin ana kaynağıdır. Enerjinin kullanımı, temini, çeşitliliği ve güvenirliliği ülkelerin ekonomik güçleriyle orantılıdır. Yerli enerji üretimi yüksek sermaye gerektiren yatırımlar olsa da uzun vadede sağlıklı işleyen bir piyasa için güvencedir. Üretimin sürekliliği ekonomik kalkınmayı sağlarken piyasada rekabet gücünü arttırır. Gelişmiş sanayiye sahip ülkeler dünya ekonomisinde edinmiş oldukları yerin kalıcılığını ve küresel piyasadaki rekabet niteliklerini kaybetmemek için enerji üretimi ve teminini güvence altına almayı amaçlamışlardır.

Türkiye'de enerji ihtiyacının büyük bir kısmı ithalat yoluyla giderilmektedir. İthal yolla enerji temininin ise dışa bağımlılık ve maliyetin yüksek olması gibi birtakım sakıncaları vardır. Bu nedenle dışa bağımlılığı azaltmak ve yenilenebilir enerji kaynaklarından faydalanarak maliyeti düşük ve

sürekli enerji üretmek için çalışmalar sürdürülmelidir. Risklere karşı duyarlılığı yüksek ekonomik bir yapının
oluşturulması teknolojik gelişmelerin izlenmesi, kaynakların etkin kullanılması ve yatırımların desteklenmesi gerekmektedir.

Enerji sektörü çok yönlü etkileri olan dinamik bir sektördür. Ulusal güvenliğin ve kamu refahının garantisidir. Nüfus atışına paralel oluşan gereksinimlerin karşılanması, sanayinin gelişmesi, yeni teknolojilerin imalatı, ekonomik kalkınmanın sağlanması enerji kaynaklarının etkin kullanılmasına bağlıdır.

Türkiye, güneş, rüzgâr, hidroelektrik, jeotermal, biyokütle, gibi yenilenebilir enerji kaynakları bakımından şanslı ve elektrik enerjisi üretimi açısından potansiyeli yüksek bir ülkedir. Ancak bu potansiyelin tam anlamıyla faaliyete geçmesi için finansman imkânlarının geliştirilmesi, yatırım dönemi izin ve diğer idari süreçlerin kolaylaştırılması, mevzuatın güncellenmesi, teşviklerin geliştirilmesi ve yatırımcı farkındalığının arttırılmasına ihtiyaç duyulmaktadır.

Yenilenebilir enerji yatırımlarının hedeflenen seviyeye ulaşması uygulanacak enerji politikalarına bağlıdır. Enerji mevzuatı altyapı çalışmalarında, küresel enerji politikaları, yenilenebilir enerji kaynak çeşitliliği, risklerin yönetilebilmesi, iç piyasa beklentileri ve geleceğe dönük hedefler dikkate alınmalıdır. Kanun düzenlemeleri ve uygulamaya esas ikincil mevzuatlar ara verilmeden eş zamanlı yürürlüğe girmelidir.

Yenilenebilir enerji kaynaklarının üretimi ve sera gazı salınımını önleyecek projelerden sağlanan karbon kredilerinin, uluslararası Karbon piyasası rekabet şartlarında işlem göreceği göz önünde bulundurulmalı ve vergilendirmeye ilişkin hükümler bu doğrultuda düzenlenmelidir.

Sektörün niteliği, önemi ve ülke ekonomisine katkısı değerlendirilerek, KVK'nin 32/A maddesinde düzenlenen vergi indirimi ve KDV iadesi uygulamaları kapsamına yenilenebilir enerji yatırımlarının da alınması, işletme döneminde vergi oranlarının düşürülmesi gerekmektedir.

2012/3305 sayılı Bakanlar Kurulu Kararının amacı kalkınma planları ve yıllık programlarda öngörülen hedefler doğrultusunda tasarrufların katma değeri yüksek yatırımlara yönlendirilmesine, üretim ve istihdamın artırılmasına, uluslararası rekabet gücünü artıracak ve araştırma- geliştirme içeriği yüksek bölgesel ve büyük ölçekli yatırımlar ile stratejik yatırımların özendirilmesine, uluslararası doğrudan yatırımların artırılmasına, bölgesel gelişmişlik farklılıklarının azaltılmasına, kümelenme ve çevre korumaya yönelik yatırımlar ile araştırma ve geliştirme faaliyetlerinin desteklenmesine ilişkin usul ve esaslarının düzenlenmesi olarak belirtilmiştir. Yenilenebilir enerji yatırımlarına sağlanan teşvikler çalışmanın 4'üncü bölümünde ayrıntılı açıklanmıştır. Belirtilen teşvik unsurlarının bir çoğunun bu yatırımlar için uygulanmadığı görülmüştür. Amaç ve uygulama birbiriyle çelişmektedir. Bu nedenle sabit yatırımları destekleyen, maliyetleri paylaşan enerji politikalarının uygulandığı ortamda yatırım kararı alınacağı değerlendirilmeli, sürdürülebilir gelecek, ekonomik ve politik güç, enerji arz güvenliği, ithalat risklerinin azaltılması, çevrenin korunması, istihdam alanları oluşturması ve üretimin cari açığa olan katkısı gibi ülkeye uzun vadede getirileri diğer sektörlerle karşılaştırılamayacak derecede önemli olan yenilenebilir enerji yatırımları için teşvik mekanizmasının değiştirilmesi veya bu yatırımlara özgü teşvikler düzenlenmesi gerekmektedir.

Yenilenebilir enerji yatırımlarının ülke ekonomisine kazandırılması süreci devam etmektedir. Bu süreç de yeni kanunlar düzenlenmekle birlikte sektör sorunlarının çözümü için mevcut kanunlarda değişikliğe gidilmektedir. Kanunların uygulanmasında ihtiyaç duyulan ikincil mevzuatların yürürlüğe girmesiyle enerji mevzuatı güncel ihtiyaçlar ile geleceğe yönelik beklentileri karşılama yeterlilikleri doğrultusunda yön değiştirir durumdadır. Bu nedenle mevzuat uygulamaları nedeniyle çıkan sorunlar, birçok kurum ve kuruluştan alınacak izin, onay, ruhsat işlemleri, tek bir düzenleyici kurumun olmayışı, kamulaştırma, kaynak alanı tahsisi ve enerji piyasası düzeninin sağlanması için bu alana özgü maddi hukuk kuralları ve usul kuralları öngörülmesi ve enerji hukukuna ilişkin uyuşmazlıkların görülebileceği uzman mahkemelerin kurulması gerekmektedir.

Yenilenebilir enerji kaynaklarının, Kamu yararı ve ülke ekonomisi açısından önemi her geçen gün artmaktadır. Gelecekte enerji ihtiyacının karşılanması ve enerji temini risklerinin ekonomi üzerindeki etkilerinin giderilmesi bakımından, yenilenebilir enerji kaynaklarının üretime kazandırılması ve yatırımların desteklenmesinin zorunlu olduğu görülmektedir.

Bu çalışmada, yenilenebilir enerji kaynaklarının elektrik üretiminde kullanılmasına ilişkin yürürlükte bulunan enerji mevzuatı, vergi mevzuatı ve Yatırımlarda Devlet Yardımları Hakkında Karara İlişkin Teşvik Unsurlarına değinilmiş, yenilenebilir enerji kaynaklarının sektördeki payının arttırılmasına yönelik yatırım ve işletme döneminde karşılaşılan mevzuat sorunlarına çözüm önerileri sunulmuştur.

KAYNAKÇA

http://enerjigunlugu.net/turkiye-enerji-ithalatinda-kacinci_10228.html#.VJdAKF4gA (E.T 22/12/2014)

http://epdk.gov.tr/index.php/elektrik-piyasasi/mevzuat?id=143 (E.T. 23/11/14)

http://epdk.gov.tr/index.php/elektrik-piyasasi/mevzuat?id=143(E.T. 22/11/14)

http://iklim.cob.gov.tr/iklim/AnaSayfa/Kyoto.aspx?sflang=tr (26/12/2014)

http://portal.tnb.org.tr/Sayfalar/Genelgeler.aspx (E.T.03/01/2015)

http://www.eie.gov.tr/HES/index.aspx (E.T.07/01/2015)

http://www.eie.gov.tr/images/res_haritasi.png (E.T.07/01/2015)

http://www.eie.gov.tr/MyCalculator/Default.aspx (E.T. 07/01/2015)

http://www.eie.gov.tr/teknoloji/h_enerjisi.aspx (E.T. 25/11/2014)

http://www.eie.gov.tr/yenilenebilir/biyokutle_enerjisi.aspx (E.T.20/11/2014)

http://www.eie.gov.tr/yenilenebilir/g_enj_tekno.aspx (E.T. 20/11/2014)

http://www.eie.gov.tr/yenilenebilir/h_hidrolik_nedir.aspx (E.T. 23/11/2014)

http://www.eie.gov.tr/yenilenebilir/jeo_enerji_nedir.aspx (20/11/2014)

http://www.eie.gov.tr/yenilenebilir/ruzgar-ruzgar_enerjisi.aspx (E.T. 20/11/2014)

http://www.eie.gov.tr/yenilenebilir/turkiyede_jeo.aspx (E.T. 07/01/2015)

http://www.ekonomi.gov.tr/portal/content/conn/UCM/path/Contribution%20Folders/web/Yat%c4%b1r%c4%b1m/Yat%c4%b1r%c4%b1m%20Te%c5%9fvik%20Sistemi/ekler/TesvikUygulamaRehberi.pdf?lve (Erişim 04/01/2015)

http://www.ekonomi.gov.tr/portal/faces/home/yatirim/istatistiklerYayinlar?_afrLoop=149279827371953&_afrWindowMode=0&_afrWindowId=new21co7p_267#!%40%40%3F_afrWindowId%3Dnew21co7p_267%26_afrLoop%3D149279827371953%26_afrWindowMode%3D0%26_adf.ctrl-state%3Dnew21co7p_317 (E.T.02/01/2015)

http://www.enerji.gov.tr/File/?path=ROOT%2f1%2fDocuments%2fB%C3%BCt%C3%A7e+Konu%C5%9Fmas%C4%B1%2f2015+Y%C4%B1l%C4%B1+Plan+B%C3%BCt%C3%A7e+Komisyonu+Konu%C5%9Fmas%C4%B1.pdf (E.T 02/01/2015) http://www.enerji.gov.tr/File/?path=ROOT%2f1%2fDocuments%2fB%C3%BCt%C3%A7e+Konu%C5%9Fmas%C4%B1%2f2015+Y%C4%B1l%C4%B1+Plan+B%C3%BCt%C3%A7e+Komisyonu+Konu%C5%9Fmas%C4%B1.pdf (E.T.10/01/2015)

http://www.enerji.gov.tr/File/?path=ROOT%2f1%2fDocuments%2fFaaliyet+Raporu%2f2013_faaliyet_raporu.pdf (E.T. 18/01/2015)

http://www.enerji.gov.tr/File/?path=ROOT%2f1%2fDocuments%2fStratejik+Plan%2fETKB+2015-2019+Stratejik+Plani.pdf (E.T.11/01/2015)

http://www.enerji.gov.tr/Resources/Sites/1/Pages/Sayi_06/Sayi_06.html#p=15 (E.T.15/01/2015)

http://www.enerji.gov.tr/Resources/Sites/1/Pages/Sayi_06/Sayi_06.html#p=15 (E.T.15/01/2015)

http://www.enerji.gov.tr/Resources/Sites/1/Pages/Sayi_06/Sayi_06.html#p=25 (E.T.12/01/2015)

http://www.enerji.gov.tr/Resources/Sites/1/Pages/Sayi_06/Sayi_06.html#p=25(E.T.12/01/2015)

http://www.enerji.gov.tr/Resources/Sites/1/Pages/Sayi_06/Sayi_06.html#p=21 (07/01/2015)

http://www.enerji.gov.tr/Resources/Sites/1/Pages/Sayi_06/Sayi_06.html#p=53 (E.T.12/01/2015)

http://www.gib.gov.tr/fileadmin/mevzuatek/eski/damgavertum2tarife.html (E.T.26/11/2014)

http://www.gib.gov.tr/index.php?id=1028 (E.T.20/10/2014)

http://www.gib.gov.tr/index.php?id=74 (23/11/2014)

http://www.resmigazete.gov.tr/eskiler/2007/09/20070916-3.htm (E.T.12/10/2014)

http://www.resmigazete.gov.tr/eskiler/2012/06/20120619-1.htm (E.T.22/11/2014)

http://www.resmigazete.gov.tr/main.aspx?home=http://www.resmigazete.gov.tr/eskiler/2013/12/20131231m1.htm&main=http://www.resmigazete.gov.tr/eskiler/2013/12/20131231m1.htm (E.T.18/12/2014) http://www.sgk.gov.tr/wps/portal/tr/sigortalilik/isveren/isveren_prim_oranlari(13/12/2014)

Karapınar, Aydın. ve Ayıkoğlu Zaif, Figen.(2012) *"Finansal Analiz"*, s.10 Ankara: Gazi

Karluk, Rıdvan.(1983) *"Türkiye'de Yabancı Sermaye Yatırımları"*, s.14. İstanbul Ticaret Odası Yayınları, No:13.

Koç ve Şenel (2013). "Dünyada ve Türkiye'de Enerji Durumu – Genel Değerlendirme", *Mühendis ve Makine,* cilt 54, sayı 639, s. 32-44.

Neuman, W. Lawrence (2010). *"Toplumsal Araştırma Yöntemleri Nitel ve Nicel Yaklaşımlar",* İstanbul: Yayınodası.

Özdemir, Abdullah (2012). "Küreselleşme Sürecinde Anahtar Rol: Enerji Politikaları", içinde *ASOMedya,* Ocak-Şubat, s. 58-72, Ankara: Ankara Sanayi Odası Yayın Organı.

Özerhan, Yıldız.- Yanık, Serap (2012). *"Türkiye Muhasebe Standartları,-Türkiye Finansal Raporlama Standartları"*, Ankara: TÜRMOB Yayınları-427

Pamir, A. Necdet (2003). "Dünya'da ve Türkiye'de Enerji, Türkiye'nin Enerji Kaynakları ve Enerji Politikaları", http://metalurji.org.tr/ dergi/dergi134/d134_73100.pdf.

Poroy Arsoy, Aylin. (2009), *"Uluslararası Muhasebe ve Finansal Raporlama Standartlarına Göre Gerçeğe Uygun Değer"* Bursa: Dora

Scoot L. Montgomery. (2014). *"Küresel Enerjiye Yön Veren Güçler 21.Yüzyıl ve Sonrası."* s.246 Ankara: Tubitak Popüler Bilim Kitapları

Subaşı Ertekin, Meriç (2008). *"Doğrudan Yabancı Yatırımlarda Yer Seçimi Kararı ve Teşvik Politikaları: Türkiye Üzerine Bir İnceleme"*, s.186 Ankara: Vadi

Yapraklı, Sevda. (2013). *''Enerjiye Dayalı Büyüme Türk Sanayi Sektörü Üzerindeki Uygulamalar''*,s.112 İstanbul: Beta

Yıldırım, Bekir. (2013). *"Kamulaştırma Davaları"*, İlaveli 2. Baskı s.31 Ankara: Yetkin Yayınları

FSC
www.fsc.org
MIX
Papier | Fördert
gute Waldnutzung
FSC® C083411

Kolibri 360 GmbH
Ferdinand-Jühlke-Straße 7
99095 Erfurt, Deutschland
produktsicherheit@kolibri360.de

Druck:
CPI Druckdienstleistungen GmbH
im Auftrag der
Kolibri 360 GmbH
Ferdinand-Jühlke-Str. 7
99095 Erfurt